工业和信息化普通高等教育"十二五"规划教材立项项目

 21 世纪高等院校电气工程与自动化规划教材
21 century institutions of higher learning materials of Electrical Engineering and Automation Planning

Experiment of Circuit Analysis

电路分析
实验教程（第 2 版）

陶秋香 杨焱 叶蓁 邓谦 胡志伟 编著

人民邮电出版社

北京

图书在版编目（CIP）数据

电路分析实验教程 / 陶秋香等编著. -- 2版. -- 北京 : 人民邮电出版社，2016.2

21世纪高等院校电气工程与自动化规划教材

ISBN 978-7-115-41530-1

Ⅰ．①电… Ⅱ．①陶… Ⅲ．①电路分析－实验－高等学校－教材 Ⅳ．①TM133-33

中国版本图书馆CIP数据核字(2016)第015045号

内 容 提 要

本书是"电路分析"课程配套实验教材，与电路理论课程结合使用，构成了电路分析课程的完整知识体系。

本书包含三大实验类型，并且介绍了实验所需器件清单及目前常规数字化教学仪器使用说明。三大类实验分别为验证性、设计性和仿真性实验，涵盖了电路经典原理及其应用，使学生进一步理解、深化和拓宽已掌握的理论知识，有效地加深对学科体系的认知，更有利于培养学生的团队协作能力、科研能力、独立思考能力以及创新意识。

本书可以作为电子信息工程、通信工程、计算机、网络工程、电子科学与技术、自动化等相关专业的实验教材。授课老师可以根据自己院校的教学大纲和教学计划，灵活调整授课学时。

◆ 编　著　陶秋香　杨　焱　叶　蓁　邓　谦　胡志伟

责任编辑　刘　博

责任印制　沈　蓉　彭志环

◆ 人民邮电出版社出版发行　北京市丰台区成寿寺路 11 号

邮编　100164　电子邮件　315@ptpress.com.cn

网址　http://www.ptpress.com.cn

北京天宇星印刷厂印刷

◆ 开本：787×1092　1/16

印张：9.25　　　　　　　2016 年 2 月第 2 版

字数：229 千字　　　　　2024 年 8 月北京第 11 次印刷

定价：29.80 元

读者服务热线：**(010)81055256**　印装质量热线：**(010)81055316**

反盗版热线：**(010)81055315**

一、课程性质

本课程实验是为电子信息工程、通信工程、自动化、电子科学与技术、计算机科学与技术等信息工程类专业本科生开设的专业技术基础课，是一门重在实际操作，从理论向实践过渡的必修实验课程。

通过本课程实验的教学，使学生能够基本掌握常用电子仪器（数字万用表、交流毫伏表、信号源、直流稳压电源、示波器等）的正确使用方法，掌握基本电参数（交/直流电压、交/直流电流、频率、相位差等）的测量方法及技巧，掌握电路的基本测试方法（时域、频域），掌握电子元器件的国标系列标识及正确选择、测试、使用电子元器件，初步学习电路的设计方法。同时培养学生严肃、认真、端正的实验态度，并学会写出合格的实验报告（包括对测试结果数据的基本分析和处理）。

二、项目设置

本书是"电路分析"课程配套实验教材，与电路理论课程结合使用，构成了电路分析课程的完整知识体系。

本书具有如下特点。

（1）内容完整：包括三大类实验类型，并且介绍了实验所需器件清单及目前常规数字化教学仪器使用说明。

（2）层次分明：实验分为验证性、设计性和仿真性实验，涵盖了电路经典原理及其应用，使学生进一步理解、深化和拓宽已掌握的理论知识，有效地加深对学科体系的认知，更有利于培养学生的团队协作能力、科研能力、独立思考能力和创新意识。

建议授课学时安排如下：针对信息工程类本科专业实验教学独立设课要求，安排 20 个实验学时。其中，验证性实验 10 学时（5 个实验，其中基尔霍夫定律、叠加定理和戴维南定理、正弦交流电路中 RLC 元件的性能必选），设计性实验 6 个学时（两个实验，其中一阶网络响应特性的研究必选），仿真性实验 4 个学时（可配合前两大类实验项目进行选择）。由于实验课时有限，各相关专业可根据本专业实际教学情况，灵活选做上述实验来进行教学。

感谢信息工程学院电工电子教学实验中心、电子工程系老师的支持与帮助，他们为本书的形成及出版付出了辛勤的劳动，在此一并表示诚挚的谢意。

编 者

2015 年 12 月

目　　录

这部分实验所包含的内容与电路基础理论有密切联系，通过这些实验，学生应当达到如下要求。

1. 掌握常用电子仪表（如直流电源、万用表、函数信号发生器、双踪示波器、交流毫伏表等）的基本工作原理和正确使用方法。

2. 能识别各种元器件（如电阻、电位器、电容和电感等），掌握其参数测量原理和测量方法。

3. 了解电信号的时域特性和频域特性、元件的伏安特性及其测量方法。

4. 了解两个电信号的相位差、电路等效及其实验方法。

5. 掌握仪表在测量电路中的正确连接和对被测电路的影响，能考虑测试方法对测量结果的影响。

6. 能找出测量数据产生误差的原因，并具备一定的测量误差分析和测量数据的处理能力。

通过这些实验，可提高学生分析问题和解决问题的能力，培养学生勤奋进取、严肃认真、实事求是和理论联系实际的科学态度。

实验一　电压源与电压测量仪器

一、实验目的

1. 掌握电压源（直流稳压电源和函数信号发生器）的功能、技术指标和使用方法。
2. 掌握指针式万用表、数字式万用表及交流毫伏表的功能、技术指标和使用方法。
3. 学会正确选用电压表测量直流、交流电压及含有直流电平的交流电压。

二、实验原理

实验原理参见附录四，阅读直流稳压电源、函数信号发生器、数字万用表及交流毫伏表的使用规则。

三、实验内容及步骤

1. 直流电压测量

采用数字万用表测量直流电压。

测量方法：确定测量仪器设置在直流电压测量状态；将测量仪器（COM）端与被测电源（COM）端相连，则测量笔接触被测点即可测量被测点的电压。若已知被测电压时，应根据被测电压大小，选择合适量程，使测量数据达到最高精度；若未知被测电压时，应将测量仪器量程置于最大，然后逐渐减少量程，使测得数据的有效数字最多。

（1）固定电源测量：测量稳压电源的固定电压 5V 和 12V，并记录于表 1-1-1。

（2）可变电源测量：按表 1-1-1 调节稳压电源输出并测量之。

表 1-1-1　　　　　　　　　　　　　直流电压测量

电源表头指示值（V）	固定电源测量		可变电源测量		
	5V	12V	6V	10V	18V
数字万用表测量值（V）					
相对误差（%）					

2. 正弦电压（有效值）的测量

（1）函数信号发生器输出正弦波，信号频率 300Hz，输出幅度分别为 10mV、500mV、1V、4V，同时用数字万用表和交流毫伏表按表 1-1-2 进行测量。

（2）将信号发生器频率改为 $f_S = 100\text{kHz}$，重复上述测量，记录于表 1-1-2。

表 1-1-2　　　　　　　　　　　　　正弦电压测量

f_S	输出电压（V）	10mV	500mV	1V	4V
300Hz	数字万用表测量值（V）				
	相对误差（%）				
	交流毫伏表测量值（V）				
	相对误差（%）				
100kHz	数字万用表测量值（V）				
	相对误差（%）				
	交流毫伏表测量值（V）				
	相对误差（%）				

四、实验仪器

1. 直流稳压电源　　　　　　　　1 台
2. 函数信号发生器　　　　　　　1 台
3. 数字万用表　　　　　　　　　1 台
4. 交流毫伏表　　　　　　　　　1 台

五、预习要求

仔细阅读实验内容，了解各仪器技术性能和使用方法。

六、报告要求

1. 整理实验数据，并对测量结果进行必要的分析或讨论。
2. 回答下列思考题：
(1) 用数字万用表及交流毫伏表测量正弦波，表头显示的是正弦电压的什么值？
(2) 可否用数字万用表及交流毫伏表测量三角波、斜波、锯齿波？
3. 谈谈本次实验的体会。

实验二 常用电子仪器的使用

一、实验目的

1. 了解电子电路实验中常用的电子仪器——示波器、函数信号发生器、直流稳压电源、交流毫伏表等的主要技术指标、性能及正确使用方法。

2. 初步掌握用双踪示波器观察正弦信号波形和读取波形参数的方法。

二、实验原理

在模拟电子电路实验中，经常使用的电子仪器有示波器、函数信号发生器、直流稳压电源、交流毫伏表等。这些仪器和万用表一起使用，可以完成对模拟电子电路的静态和动态工作情况的测试。

实验中要对各种电子仪器进行综合使用，可按照信号流向，以连线简捷、调节顺手、观察与读数方便等原则进行合理布局，各仪器与被测实验装置之间的布局与连接如图 1-2-1 所示。为防止外界干扰，接线时应注意各仪器的公共接地端应连接在一起（称共地），信号源和交流毫伏表的引线通常用屏蔽线或专用电缆线，示波器接线使用专用电缆线，直流电源的接线用普通导线。

图 1-2-1 模拟电子电路中常用电子仪器布局图

三、实验内容及步骤

1. 正弦信号的观察及输出电压的测量

调节函数信号发生器的有关旋钮，使其输出的正弦波信号频率为 1kHz，按表 1-2-1 中的数值进行相应的测试，并将结果记录于表 1-2-1 中。

表 1-2-1 　　　　　　　　　　　　　　实验数据记录

信号源输出电压		示波器测量输出电压	
		峰—峰值	有效值
峰—峰值	2V		
有效值	500mV		

2. 正弦信号频率的测量

调节函数信号发生器的有关旋钮，使输出频率分别为 100Hz、1kHz 及 100kHz，峰—峰值均为 2V（示波器测量值）的正弦波信号。用示波器测量信号频率，并与函数信号发生器的频率比较，将结果记录于表 1-2-2 中。

表 1-2-2　　　　　　　　　　　　实验数据记录

信号源频率	周期（ms）	频率（Hz）	频率相对误差
100Hz			
1kHz			
100kHz			

3. 直流信号的观察及测量

将直流稳压电源代替函数信号发生器，用示波器观察并记录直流电压波形。此时直流稳压电源输出电压分别为 5V、10V，测试前应记住扫描线的位置。将测试结果记录于表 1-2-3 中。

表 1-2-3　　　　　　　　　　　　实验数据记录

直流稳压电源输出电压	5V	10V
示波器测量值		
误　　差		

四、实验仪器

1. 数字示波器　　　　　　　　1 台
2. 函数信号发生器　　　　　　1 台
3. 直流稳压电源　　　　　　　1 台
4. 交流毫伏表　　　　　　　　1 台

五、预习要求

仔细阅读实验内容，了解各仪器技术性能和使用方法。

六、实验报告要求

1. 整理实验数据，并对测量结果进行必要的分析或讨论。
2. 回答下列思考题：
（1）函数信号发生器有哪几种输出波形？它的输出端能否短接？
（2）交流毫伏表是用来测量正弦波电压还是非正弦波电压的？它的表头指示值是被测信号的什么数值？它是否可以用来测量直流电压的大小？
3. 谈谈本次实验的体会。

实验三　万用表测量电压、电流

一、实验目的

1. 了解万用表的测量原理，学会使用万用表。
2. 了解内阻对测量结果的影响。

二、实验原理

1. 万用表内阻对电流、电压测量结果的影响

（1）内阻对电压测量结果的影响

在测量电压时，需要将万用表与被测支路并联，为了使测量仪表的接入不影响被测电路的实际参量，要求电压表的内阻为无穷大。但在实际使用中，这个要求无法达到，因此，当电压表接入被测电路，改变了原电路的工作状态时，测量结果必然存在误差。以图 1-3-1 所示电路为例。

图 1-3-1　电压测量电路

在理想状况下，电压表内阻 $R_V \rightarrow \infty$，这时被测支路 R 两端的电压 U 为

$$U = \frac{R \times U_S}{r_0 + R} \tag{3-1}$$

此值可以认为是被测电压的真实值，而实际上电压表内阻 R_V 不可能为 ∞，因此考虑到这个因素后，R 两端的电压为

$$U' = \frac{R \mathbin{/\!/} R_V}{r_0 + R \mathbin{/\!/} R_V} U_S \tag{3-2}$$

由式（3-2）可以看出：R_V 越大，U' 越接近于 U，当 $R_V \gg R$ 时，$U' = U$。

其相对误差为

$$\varepsilon = \frac{U' - U}{U} \times 100\% \tag{3-3}$$

将式（3-1）、式（3-2）代入式（3-3），简化得到测量相对误差为

$$\varepsilon = \left[1 - \frac{1}{1 + \dfrac{Rr_0}{R_V(R + r_0)}} \right] \times 100\% \tag{3-4}$$

由式（3-4）可以知道：R_V 越大，ε 越小，即电压表内阻越大，测量值越准确。因此，在测量电压时，所选量程的内阻 R_V 应远大于被测支路的等效电阻 R，即 $R_V \gg R$；否则误差会很大。

电压表在不同量程下，内阻不同。其大小与量程 U_M 的关系为

$$R_V = S_V \times U_M \tag{3-5}$$

S_V 为电压表的灵敏度，即所用量程越大，电压表内阻越大。因此，在测量电压时，应首先对被测支路等效电阻与电压表内阻作一粗略的比较，以选择合适的量程。

（2）内阻对电流测量结果的影响

在用电流表测量电流时，也存在一个电流表内阻 R_I 对测量结果的影响问题。以图 1-

3-2 所示电路为例。

首先，考虑理想状态，电流表 $R_I = 0$。

此时

$$I = \frac{U_S}{r_0 + R} \qquad (3-6)$$

图 1-3-2 电流测量电路

此值也是未接入电流表时电路中的电流真实值。考虑实际情况 $R_I \neq 0$ 时：

$$I' = \frac{U_S}{r_0 + R + R_1} \qquad (3-7)$$

比较以上两式，可以发现：由于 R_I 存在，测量值比真实值小。R_I 越小，I' 越接近于 I。当 $R_I \ll (r_0 + R)$ 时，可以认为：$I' = I$。

其测量相对误差为

$$\varepsilon = \frac{I' - I}{I} \times 100\% = \frac{1}{1 + \frac{1}{R_1}(r_0 + R)} \times 100\% \qquad (3-8)$$

2. 测量电流的两种方法

（1）直接法。直接将电流表串入被测支路来测电流的方法称为直接法，如图 1-3-2 所示。为了减小测量误差，要求：$(r_0 + R) \gg R_I$。

（2）间接法。通过测被测支路已知电阻上的电压，利用 $I = U/R$ 来求电流的方法称为间接法。在被测支路等效电阻很小，或者不便于将电流表串入被测支路的情况下，可以考虑采用这种方法。为了减小误差，只需注意：$R_V \gg R$。间接法测量电路如图 1-3-3 所示。

图 1-3-3 间接法测量电路

三、实验内容及步骤

用数字万用表测量图 1-3-4 所示电路中各电阻上的电压值，将结果记录表 1-3-1 中。

图 1-3-4 实验电路

图 1-3-5 实验电路

表 1-3-1

电压	U_{R1}	U_{R2}	U_{R3}	U_{R4}
测量值（V）				
理论计算值（V）				
相对误差				

用间接法测量图 1-3-5 所示电路中各支路电流。结果记录在表 1-3-2 中。

表 1-3-2

项目 R_i	R_1	R_2	R_3
各电阻上的电压（V）			
I_i 的测量计算值（mA）			
I_i 的理论计算值（mA）			
相对误差（%）			

四、注意事项

1. 测量时要注意：电压表并联在被测支路，电流表串联在被测支路，并要注意电流的方向性。

2. 合理选择量程，切勿使电表超量程。

五、实验仪器

1. 直流稳压电源　　　　　　　1台
2. 万用表　　　　　　　　　　1只
3. 实验箱　　　　　　　　　　1台

六、预习要求

1. 预习万用表使用的有关知识，了解万用表使用时的注意事项。
2. 完成相应理论计算。

七、报告要求

1. 整理本次实验的测试数据，并据此说明如何提高电压、电流测量的准确度。
2. 谈谈本次实验的体会。

实验四　元件伏安特性

一、实验目的

1. 掌握线性电阻元件和非线性电阻元件的伏安特性及其测量方法。
2. 了解线性元件与非线性元件特性的差别。
3. 掌握电源外特性的测量方法。
4. 练习实验曲线的绘制。

二、实验原理

1. 线性电阻元件的伏安特性

线性电阻元件的电压、电流关系可以用欧姆定律 $R=U/I$ 来描述。电阻 R 与电压、电流的大小和方向具有双向特性，它的伏安特性曲线是一条通过原点的直线，直线的斜率是电阻的阻值 R。端电压与电流之间的关系可以绘成 $U-I$ 平面上的一条曲线，称为该元件的伏安特性曲线。电压和电流的测量只要用电压表和电流表测定，改变电压测出相应的电流，即可绘出元件的伏安特性，称为伏安测量法。

如图 $1-4-1$（a）所示，线性元件的 R 值不随电压或电流的大小的变化而改变，且成正比例关系；同时线性元件上的电压和电流是同时并存的，与过去的电流大小无关，是无记忆元件。

（a）　　　　　　　　　　　　　　　（b）

图 $1-4-1$　线性电阻元件和非线性电阻元件伏安特性曲线图

凡不符合上述条件的电阻元件称为非线性电阻元件。半导体二极管的伏安特性，如图 $1-4-1$（b）所示，半导体二极管的电阻值随着端电压的大小和极性的不同而不同。当直流电源的正极加于二极管的阳极而负极与阴极连接时，二极管的电阻值很小；反之二极管的电阻值很大，因此对于坐标原点来说是非对称性的，具有单向性的特点，即非双向性。这种性质为大多数非线性元件所具备。

一般的半导体二极管是一个非线性电阻元件，正向压降很小（一般的锗管为 0.2～0.3V，硅管为 0.5～0.7V），正向电流随正向压降的升高而急骤上升，而反向电压从零一直升到十几伏到几十伏时其反向电流增加很小，粗略地可视为零。可见二极管有单向导电性，但反向电压加得过高，超过二极管的极限值，则会导致二极管击穿损坏。稳压二极管是一种特殊的二极管，其正向特性与普通的二极管类似，但其反向特性较特别。在反向电压开始增加时，其反向电流几乎为零；当反向电压增加到某一定数值时（此值称为二极管的稳压值，有各种不同稳压值的稳压管），电流将突然增加，以后它的端电压将维持稳定，不再随外加的反向电压的升高而增大。

用电压表和电流表测量电阻时，由于电压表的内阻不是无穷大，电流表的内阻不为零，所以会给测量结果带来一定的方法误差。因此，在测量某一支路的电压和电流时，除应根据技术要求正确选择电流表和电压表的规格、精度和量程外，在接线时应把电流表和电压表接在电路的正确位置上，如果仪表位置不当也会造成较大的测量误差。

例如，如图 1-4-2 所示，测量 R 支路的电流和电压时，电压表在线路中有两种连接方法可供选择，如图中的 1-1′点和 2-2′点，在 1-1′点，电流表的读数为流过 R 的电流，而电压表的读数不仅会有 R 的电压降，而且还含有电流表内阻的电压降。因此，电压表的读数比实际要高。当电压表接在 2-2′点时，电压表的读数为 R 上的电压降，而电流表的读数除含有 R 的电流外，还含有流过电压表的电流值。

图 1-4-2　伏安法测量电阻电路

因此，电流表的读数较实际值来得大。显然，当 R 阻值比电流表的内阻大得多时，电压表宜接在 1-1′处；当电压表的内阻比 R 的阻值大得多时，则电压表的测量点应选择在 2-2′处。实际测量时，某一支路的电阻常常是未知的，因此，测量时可分别在 1-1′、2-2′两点试一试；如果在这两种接法下，电压表的读数误差很小或无甚差别，即可接在 1-1′点；如果在这两种接法下，电流表的读数误差很小或无甚差别，即可接在 2-2′点。若两种接法，电压表和电流表的读数均无甚差别，则电压表可随意接在 1-1′点或 2-2′点。

2. 理想电压源

能够保持其端电压为恒定值且内部没有能量损失的电压源称为理想电压源。

理想电压源具有下列性质：

第一，其端电压和流过它的电流大小无关；第二，流过理想电压源的电流并不由电压源本身决定，而是由与之相连接的外电路所确定。理想电压源的伏安特性曲线如图 1-4-3（a）所示。

理想电压源实际上是不存在的，实际电压源总是具有一定大小的内阻，因此实际电压源可以用一个理想电压源和一个串联电阻来表示。当电压源中有电流流过时，必然会在电阻上产生电压降，因此，实际的电压源的端电压 U 可表示为：$U = U_s - IR_s$。式中，I 为流过电压源的电流，U_s 为理想电压源的电压，R_s 为电压源的内阻。由上式可知实际电压源的伏安特性如图 1-4-3（b）所示。显然，实际电压源的内阻 R_s 越小，其特性越接近于理想电压源。

（a）　　　　　　　　　（b）

图 1-4-3　电压源伏安特性曲线

三、实验内容及步骤

1. 测量线性电阻的伏安特性曲线

根据被测电阻的大小自行选择如图 1-4-4 所示的测量电路，分别对 $R=200\Omega$ 和 $R=100\text{k}\Omega$ 电阻进行测量，要求电压从 -6V 起变化到 6V，将测量结果记录于表 1-4-1 中，并说明是用什么方法进行测量的。

图 1-4-4 测量电路

表 1-4-1

R	I \ U	-6V	-4V	-2V	0	2V	4V	6V
200Ω	计算值							
	测量值							
	误差							
100kΩ	计算值							
	测量值							
	误差							

2. 测量非线性电阻的伏安特性曲线

选用二极管作为被测元件，实验线路如图 1-4-5 所示。图中 R 为可变电位器，$R=1\text{k}\Omega$，用以调节电压；r 为限流电阻，用以保护二极管。

（1）正向特性：按图 1-4-5 接好线路，按表中数值测试相应电流，并记录于表1-4-2中。

图 1-4-5 实验电路

表 1-4-2

	U				
I					
6V 稳压管					

（2）反向特性：按图 1-4-6 接好线路，按表中数值测试相应电流，并记录于表1-4-3 中。

图 1-4-6　实验电路

表 1-4-3

	U				
I					
6V 稳压管					

＊3. 测量直流稳压电源的伏安特性

（1）测量理想电压源的伏安特性

实验采用直流稳压电源作为理想电压源，其内阻在和外电路电阻相比可以忽略不计的情况下，其输出电压基本维持不变，可以把直流稳压电源作为理想电压源。按图 1-4-7 所示连接线路，保持稳压电源输出为 10V，R_1 为 200Ω 的限流电阻，由大到小改变 R_2 阻值，将测得的 U 和 I 记录于表 1-4-4 中。

图 1-4-7　实验电路

表 1-4-4

R_2（Ω）	620	510	390	300	200	100
I（mA）						
U（V）						

（2）测定实际电压源的伏安特性

首先选取一个 51Ω 的电阻，作为直流稳压电源的内阻与稳压电源串联组成一个实际的电压源模型，实验电路如图 1-4-8 所示，R 阻值可变，实验步骤与前项相同，测量所得数据记录于表 1-4-5 中。

图 1-4-8

表 1-4-5

R (Ω)	620	510	390	300	200	100
I (mA)						
U (V)						

四、注意事项

1. 在实验过程中，直流稳压电源输出端不能短路，以免损坏电源。

2. 在测量二极管反向特性时，不需要将电路中的电源和电表反接，只要将二极管反接就可以了，并将所得结果都加上负号。

3. 绘制特性曲线时，一定要用坐标纸画图，要标明 x 轴、y 轴所代表的物理量，参考方向，单位定量，并注意坐标比例的合理选取。

4. 测二极管正向特性时，稳压电源输出应由小至大逐渐增加，应时刻注意电流表读数，不得超过 30mA。

5. 进行不同实验时，应先估算电压和电流值，合理选择仪表的量程，勿使仪表超量程，仪表的极性也不可接错。

五、实验仪器

1. 直流稳压电源　　　　　　　1 台
2. 万用表　　　　　　　　　　2 块
3. 实验箱　　　　　　　　　　1 台

六、预习要求

完成预习报告，计算相应理论值。

七、实验报告要求

1. 整理实验数据，分析误差原因。

2. 根据实验测得的数据，在坐标纸上分别绘出各元件的伏安特性曲线，并总结各元件的伏安特性（其中稳压二极管的正向、反向特性均要求画在同一张图中，正、反向电压可取用不同的比例尺）。

3. 分析半导体二极管的伏安特性观察其现象并说明原因。

4. 回答下列思考题：

（1）有一个线性电阻 $R=300\Omega$，用电压表和电流表测量电阻 R。已知电压表内阻 $R_V=10k\Omega$，电流表内阻 $R_A=0.5k\Omega$。问电压表和电流表采用哪种接法其误差较小？并画出测量电路图。

（2）线性电阻与非线性电阻的概念是什么？电阻器与二极管的伏安特性有何区别？

（3）设某器件伏安特性曲线的函数式为 $I=f(U)$，在逐点绘制曲线时，其坐标变量应如何放置？

（4）稳压二极管与普通二极管有何区别，其用途如何？

实验五　基尔霍夫定律

一、实验目的

1. 验证基尔霍夫电流定律和电压定律，加深对基尔霍夫定律的理解。
2. 加深对电流、电压参考方向的理解。

二、实验原理

基尔霍夫定律是电路理论中最基本也是最重要的定律之一，它概括了电路中电流和电压分别应遵循的基本规律，基尔霍夫定律的内容有两条，一是基尔霍夫电流定律，二是基尔霍夫电压定律。

基尔霍夫电流定律：在电路中，任意时刻，流进和流出节点电流的代数和等于零，即 $\sum I = 0$。

基尔霍夫电压定律：在电路中，任意时刻，沿闭合回路电压降的代数和恒等于零。即 $\sum U = 0$。

以上结论与支路中元件的性质无关，不论这些元件是线性的还是非线性的，含源的还是无源的，时变的还是时不变的等都适用。

电路中各个支路的电流和支路中的电压必然受到两类约束，一类是由元件本身造成的约束，另一类是由元件相互连接关系造成的约束，基尔霍夫定律表述的是第二类约束。

参考方向：在电路中，往往不知道某一个元件两端电压的真实极性或流过电流的真实流向，只有预先假定一个方向，这个方向就是参考方向。如图 1-5-1 所示，设电压降 U 的参考方向是从 A 到 B；电压表的正极与 A 端相连，负极与 B 端相连，若电压表的指针顺时针偏转，则读数为正，说明参考方向与实际方向一致，若电压表的指针为逆时针偏转，则电压表的读数为负，说明参考方向与实际方向相反，对电流也一样。

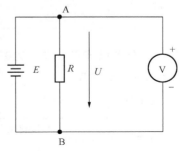

图 1-5-1　测试电路

三、实验内容及步骤

1. 按图 1-5-2 连接实验电路，选择节点 a 验证基尔霍夫电流定律（KCL），采用间接法测电流。其中 $U_{s_1} = 8V$，$U_{s_2} = 3V$，$R_1 = 510\Omega$，$R_2 = 200\Omega$，$R_3 = 1k\Omega$。

图 1-5-2　基尔霍夫定律验证电路

将实验结果记录于表 1-5-1 中。

表 1-5-1

被测量	I_1 (mA)	U_1 (V)	I_2 (mA)	U_2 (V)	I_3 (mA)	U_3 (V)	$\sum I$ (mA)
理论值							
测量值							
相对误差							

注意事项：所测电流值的正负号，应根据电流的实际流向与参考方向的关系来确定，而约束方程 $\sum I_K = I_1 + I_2 - I_3$ 中 I 前边的正负号是由基尔霍夫电流定律根据电流的参考方向确定的。

2. 选择 abca 和 acda 两个网孔，验证基尔霍夫电压定律（KVL），并将结果记录于表 1-5-2 中。

表 1-5-2

回路 1 (abca)		U_{ab}	U_{bc}	U_{ca}	$\sum U/V$
	理论值				
	测量值				
回路 2 (acda)		U_{da}	U_{ac}	U_{cd}	$\sum U/V$
	理论值				
	测量值				

3. 分别以节点 b 和 d 为参考点，测量 abcd 各节点电位，计算端对电压值，并将结果记录于表 1-5-3 中。

表 1-5-3

参考节点	测量值 (V)				计算值 (V)					
	V_a	V_b	V_c	V_d	U_{ab}	U_{bc}	U_{cd}	U_{da}	U_{ac}	U_{bd}
b										
d										

注意事项：当参考点选定后，节点电压便随之确定，这是节点电压的单值性；当参考点改变时，各节点电压均改变相同量值，这是节点电压的相对性。但各节点间电压的大小和极性应保持不变。

四、注意事项

1. 在电路未连接完成或未检查前，不要通电。

2. 在测试电流、电压时应注意：电流、电压的参考方向要与数字电流表、电压表的正负极相对应，不可乱接。

3. 测试时应注意仪表量程的及时更换。

五、实验仪器

1. 直流稳压电源　　　　　　1 台
2. 万用表　　　　　　　　　1 块
3. 实验箱　　　　　　　　　1 台

六、预习要求

完成预习报告，计算相应理论值。

七、报告要求

1. 利用测量结果验证基尔霍夫定律，并与计算值相比较，求出其相对误差，并分析误差产生的原因。

2. 回答下列思考题：

（1）电压降和电位的区别何在？

（2）测量直流电压、电流时，如何判断数据前的正负号？

（3）谈谈本次实验的体会。

实验六　受控源特性的研究

一、实验目的

1. 熟悉受控源的基本特性。
2. 通过实验加深对受控源特性的了解。

二、实验原理

受控源具有电源的特性，但它与独立源是有区别的。它的输出量是受控于输入量的，即受控于电路其他部分的电压或电流，故称输入量为"控制量"，输出量为"受控量"。根据受控量与控制量的性质，受控源可分为 4 类，见图 $1-6-1$。

图 $1-6-1$　4 种受控源模型图

受控源是从电子器件（电子管、晶体管、场效应管和运算放大器等）中抽象出来的一种模型，用来表征电子器件的电特性。由于电子器件的出现和广泛使用，在现代电路理论中，受控源已经和电阻、电容、电感等元件一样，成为电路的基本元件。受控源对外提供的能量，并非取自控制量，也非受控源内部产生，而是取自附加的直流电源。因此受控源实际上是一种能量转换装置，它能将直流电能转换成按控制量变化的输出量。若控制量是一种按正弦规律变化的交流电信号，则该受控源就能将直流电能转换成交流电能。

从另一个角度来看，受控源同电路元件一样，它能在电路中使两条支路的电压、电流或电压和电流间建立一个约束关系，这与一个电阻元件能使它两端电压和电流间建立一个约束关系相类似，鉴于以上原因将受控源称为"有源元件"，以区别于在任何情况下都不向外提供能量的"无源元件"。因为它有输入端和输出端之分，又称为"双口元件"，以区别于电阻、电容等单口元件。仅当受控量与控制量之间比例系数 β、r、g、μ 为常数时该受控源是线性元件。

受控源的受控量与控制量之比称为转移函数。4 种受控源的转移函数分别用 α、g、μ 和 r 表示。它们的定义如下：

① CCCS：$\alpha = \dfrac{i_2}{i_1}$ 转移电流比（电流增益）。

② VCCS：$g = \dfrac{i_2}{u_1}$ 转移电导。

③ VCVS：$\mu = \dfrac{u_2}{u_1}$ 转移电压比（电压增益）。

④ CCVS：$r = \dfrac{u_2}{i_1}$ 转移电阻。

实际的受控源只能接近理想情况，因此它们的控制量与受控量之间的关系并非一个常数，而是以下函数关系：CCCS 是 $i_2 = f(i_1)$；对 CCVS 是 $u_2 = f(i_1)$；对 VCCS 是 $i_2 = f(u_1)$；对 VCVS 是 $u_2 = f(u_1)$。可用一条曲线来表达控制量之间的关系，曲线在某一范围内比较接近直线的称为"线性区域"。在线性区域内曲线的斜率是一个常数，这时控制量的变化与受控量的变化是正比关系，但超出这一区域范围就不能保持这一关系。电流控制电流源可用一只晶体三极管来实现，晶体三极管是一种电流放大器，给基极（b）输入一电流，集电极（c）就能获得放大了的相应电流。改变基极电流大小，可控制集电极电流的大小。其 CCCS 电路如图 1-6-2 所示。图中 1、1′ 为受控源输入端，2、2′ 为受控源输出端。以下各图同理。

电压控制电流源可以用高输入电阻场效应管放大器来实现。VCCS 电路如图 1-6-3 所示。电压控制电压源可用运算放大器来实现。

图 1-6-2 CCCS 电路

图 1-6-3 VCCS 电路

运算放大器是一种高增益、高输入电阻和低输出电阻的放大器。VCVS 电路如图 1-6-4 所示。

（a）   （b）

图 1-6-4 VCVS 电路

根据运放特性有 $i_a = i_b = 0$，$u_a = u_b$，故 $i_3 = -i_4$，

即 $\dfrac{u_b}{R_1} = -\dfrac{u_b - u_2}{R_2}$

即 $\dfrac{u_a}{R_1} = -\dfrac{u_a - u_2}{R_2}$

故得 $u_2 = \dfrac{R_1 + R_2}{R_1} u_a = \mu u_a$

式中，$\mu = (R_1 + R_2)/R_1$ 为电压放大系数。根据上式可做出其等效电路，如图 1-6-4（b）所示，可见此电路为 VCVS 电路。由于 $R_1 = R_2$，故 $\mu = 2$。又因输出端与输入端有公共的"接地"端，故这种接法称为"共地"连接。

电流控制电压源也可用运算放大器来实现。实现 CCVS 的电路如图 1-6-5（a）所示。

图 1-6-5　CCVS 的电路

因有 $i_1 = i_2$

$$i_1 = \frac{u_b}{R_1} = -\frac{u_2}{R_2}$$

故得，$u_2 = -R_2 \cdot \dfrac{u_b}{R_1} = -R_2 i_1 = r_m i_1$

式中，$r_m = -R_2$

其等效电路为如图 1-6-5（b）所示的 CCVS 电路，且为"共地"连接。

三、实验内容和步骤

1. 按图 1-6-6 接线，经查无误后，接通电源。调节电位器按表中输入 i_1 测出输出电流 i_2。记录于表 1-6-1 中，并绘出 $i_2 = f(i_1)$ 的曲线，在曲线中找出线性区域，求出曲线线性斜率。

图 1-6-6　CCCS 电路

表 1-6-1

i_1 (μA)	100	150	200	250	300	350	400	450
i_2 (mA)								

2. 按图 1-6-7 接线，检查无误后，接通电源。调节电位器按表中 u_1 值，测量 VCCS 的相应输出电流 i_2，记录于表 1-6-2 中，并绘出 $i_2 = f(u_1)$ 的曲线。在曲线中找出线性区域，求出曲线线性区域斜率。

图 1 - 6 - 7 VCCS 电路

表 1 - 6 - 2

u_1 (V)	- 1.6	- 1.2	- 0.8	- 0.4	0	0.5	1.0	1.5	1.7
i_3 (mA)									

注：$u_1 > 0$，将 3V 电源 "+" 极，"-" 极对调。

*3. 按图 1 - 6 - 8 接线，检查无误后，接通电源。调节电位器按表中 u_i 值，测量 VCVS 的相应输出电压 u_o，将结果记录于表中，并绘出 $u_o = f(u_i)$ 的曲线。在曲线中找出线性区域，求出曲线线性斜率。

图 1 - 6 - 8 VCVS 电路

（1）取 $R_L = 1k\Omega$ 不变，调节 R_0 改变 U_i，观察 U_o 的变化规律，并测定它的控制系数 $\mu = U_o/U_i$，即电压放大倍数，将所测数据填入表 1 - 6 - 3 中。

表 1 - 6 - 3

U_i (V)	0	0.3	0.4	0.6	0.7	0.8	0.9	1.0
U_o (V)								

（2）保持 $U_i = 10V$ 不变，改变负载电阻 R_L，观察 U_o 的变化规律，测定它的负载特性，将所测数据填入表 1 - 6 - 4 中。

表 1 - 6 - 4

R_L (Ω)								
U_o (V)								

四、注意事项

1. 电源电压不应超过规定数值，以免损坏元件。

2. 如果实验中两组电源使用的是同一台稳压电源，又出现正接地、负也接地的现象，故要求平衡输出电源，即稳压电源内部正、负端均不能接地，否则稳压电源内部会接地短路导致损坏仪器。

五、实验仪器

1. 直流稳压电源　　　　　　　　　1 台
2. 万用表　　　　　　　　　　　　1 块
3. 实验箱　　　　　　　　　　　　1 台

六、预习要求

1. 预习受控源的有关知识。
2. 弄清本次实验目的，具体内容及要求，完成预习报告。

七、实验报告要求

1. 整理实验数据，分别绘出 4 种受控源的转移特性和负载特性曲线，并求出相应的转移参量。

2. 对实验的结果做出合理地分析和结论，总结对 4 类受控源的认识和理解。

3. 谈谈实验的体会。

4. 回答下列思考题：

（1）受控源和独立源有何异同？

（2）受控源的控制特性是否适合于交流信号？

（3）试比较 4 种受控源的代号、电路模型、控制量与被控制量之间的关系。

（4）4 种受控源中的 μ、g_m、r_m 和 α 的意义是什么？如何测得？

（5）若令受控源的控制量极性反向，试问其输出量极性是否发生变化？

实验七　叠加定理和戴维南定理

一、实验目的

1. 加深对叠加定理的理解。
2. 加深对线性电路中戴维南定理的理解。
3. 学习线性有源一端口网络等效电路参数的测量方法。

二、实验原理

1. 叠加定理

在有几个独立源共同作用下的线性网络中，通过每一支路的电流或任一元件上的电压，可以看成是由每一个独立源单独作用时，在该支路或该元件上产生的电流或电压的代数和。

对该定律要有以下正确的理解。

（1）它只适用于线性网络。如果网络中有非线性元件，则不能用它解决问题。

（2）线性网络中各电源不受其他电源（或网络）的控制，即各电源是独立源。

（3）当一个电源单独作用时，认为其他电源为零。即电压源短路，电流源开路。

由此还可以推理，在线性电路当其激励信号（即独立电源）增大或减小 K 倍时，电路的响应（即在电路中各个元件上的电压或电流）也将增大或减小 K 倍。

2. 戴维南定理

任何一个线性含源一端口网络，对外电路来说，可以用一条有源支路来等效代替，该有源支路的电动势 E 等于含源一端口网络的开路电压 U_{OC}，其电阻等于含源一端口网络化为无源网络（即该网络中所有独立电源为零，电压源短路，电流源开路）后的输入电阻 R_{eq}，如图 1-7-1 所示。

图 1-7-1　有源一端口
戴维南等效电路

（1）开路电压的测量方法

方法一：直接测量法。当有源二端网络的等效内阻 R_{eq} 与电压表内阻 R_V 相比可以忽略不计时，可以直接用电压表测量开路电压。

方法二：补偿法。其测量电路如图 1-7-2 所示，E 为高精度标准电压源，R 为标准分压电阻箱，G 为高精度检流计。调节电阻箱的分压比，c、d 两端的电压随之改变，当 $U_{cd} = U_{ab}$ 时，流过检流计 G 的电流为零，因此

$$U_{cd} = U_{ab} = E \times R_2/(R_1 + R_2) = K \times E$$

式中，$K = R_2/(R_1 + R_2)$ 为电阻箱的分压比。根据标准电压 E 和分压比 K 就可以求得开路电压 U_{oc}，因为电路平衡时 $I_G = 0$，不消耗电能，所以此法测量精度较高。

图 1-7-2　补偿法测开路电压

方法三：零示法测开路电压 U_{oc}。在测量具有高内阻有源二端网络的开路电压时，用电压表进行直接测量会造成较大的误差，为了消除电压表内阻的影响，往往采用零示测量法，如图 1-7-3 所示。零示法测量原理是一低内阻的稳压电源与被测有源二端网络进行比较，当稳压电源输出电压与有源二端网络的开路电压相等时，电压表的读数将为 "0"，然后将电路断开，测量此时稳压电源的输出电压，即为被测有源网络的开路电压。

图 1-7-3　零示法测开路电压 U_{oc}

（2）等效电阻 R_{eq} 的测量方法

对于已知的线性有源一端口网络，其输入端等效电阻 R_{eq} 可以从原网络计算得出，也可以通过实验测出，下面介绍几种测量方法。

方法一：将有源二端口网络中的独立电源去除，在 ab 端外加一已知电压 U，测量端口的总电流 I，则等效电阻 $R_{eq}=U/I$。

实际的电压源和电流源都具有一定的内阻，它并不能与电源本身分开，因此在取得电源的同时，也把电源内部的内阻去掉了，无法将电源内阻保留下来，这将影响到测量精度，因而这种方法只适用于电压源内阻较小和电流源内阻较大的情况。

方法二：测量 ab 端的开路电压 U_{oc} 及短路电流 I_{sc}，则等效电阻 $R_{eq}=U_{oc}/I_{sc}$。

这种方法适用于 ab 端等效电阻较大，而短路电流不超过额定值的情形；否则如果二端口网络的内阻很小，将其输出端口短路，则易损坏其内部元件及电源。

方法三：两次电压测量法。测量电路如图 1-7-4 所示，第一次测量有源一端口网络的开路电压 U_{oc} 后，在端口处接一负载电阻 R_L，然后再测出负载电阻的端电压 U_{RL}，因为 $U_{RL}=\dfrac{U_{OC}}{R_{eq}+R_L}\times R_L$，则输入端等效电阻为：$R_{eq}=(\dfrac{U_{OC}}{U_{RL}}-1)\times R_L$。

图 1-7-4

第三种方法克服了第一种和第二种方法的缺点和局限性，在实际测量中常被采用。

方法四：半电压法测量 R_{eq}。如图 1-7-5 所示，当负载 R_L 上电压为被测网络开路电压一半时，负载电阻（可由电阻箱的读数确定，也可以用万用表测得）即为被测有源二端口网络的等效内阻值。

图 1-7-5　半电压法测量等效内阻

三、实验内容及步骤

1. 验证叠加定理

按图 $1-7-6$ 接好电路，U_1、U_2 由稳压电源供给，其中 $U_1=8\text{V}$，$U_2=3\text{V}$。

图 $1-7-6$ 实验电路

（1）同时接通 $U_1=8\text{V}$，$U_2=3\text{V}$ 电源，测量 U_1、U_2 同时作用下各电阻元件两端的电压。

（2）除去 U_2 电源，测量 U_1 单独作用时电阻元件两端的电压，将结果计入表 $1-7-1$ 中。

（3）除去 U_1 电源，接上 U_2 电源，测量 U_2 单独作用时电阻元件两端的电压，将结果计入表 $1-7-1$ 中 。

表 $1-7-1$

	U_{R1}			U_{R2}			U_{R3}		
	测量	计算	误差	测量	计算	误差	测量	计算	误差
$U_1\,U_2$ 同时作用									
U_1 单独作用									
U_2 单独作用									

2. 验证戴维南定理

（1）利用图 $1-7-6$，留下 U_1 电源，除去 U_2 电源，让 ab 两端开路，试测量 ab 两端的戴维南等效电路的参数。与理论值相比较，验证戴维南定理的正确性，说明误差原因。

采用直接测量法测定有源二端口网络的开路电压 U_{oc}，电压表内阻应远大于二端网络的等效电阻 R_{eq}。

用两种测量方法测定有源二端网络的等效电阻 R_{eq}。

① 采用原理中介绍的方法二测量。

首先利用上面测得的开路电压 U_{oc} 和预习计算出的 R_{eq} 估算网络的短路电流 I_{sc} 的大小，在 I_{sc} 的值不超过直流稳压电源电流的额定值和毫安表的最大量限的条件下，可直接测出短路电流，并将此短路电流 I_{sc} 数据填入表 $1-7-2$ 中。

② 采用原理中介绍的方法三测量。

接通负载电阻 $R_{\text{L}}=200\Omega$，测出此时负载段电压 U_{RL}，并记入表 $1-7-2$ 中。

表 $1-7-2$

	计算	实测	相对误差
U_{oc}			
U_{RL}			
I_{sc}			
R_{eq}			

取 a、b 两侧测量的平均值作为 R_{eq} 。

（2）图 1-7-7 是由晶体三极管构成的含受控源网络，ab 端为所求等效电路端。接好电路，先测 U_{oc}，然后按两次电压法测量等效电阻。测量等效电阻前，取下电阻 R_c，用万用表欧姆档测量其真实阻值，再调节 $R_L = R_c$ 实际值，再测量等效电阻，并列表记录。试分析 R_i 是否等于 R_c，说明误差原因。画出戴维南等效电路。

图 1-7-7 实验电路

四、注意事项

1. 实际的电压源都有一定内阻，它并不能与电源本身分开，因此，在去掉电源的同时，电源的内阻也去掉了而不能保留下来。这将影响测量精度，因此验证叠加定理时，这也是产生误差的原因之一。

2. 电路未连接完成或改接电路时，应关掉电源。

3. 电压源置零时不可将稳压源短接。

4. 用万电表测量 R_{eq} 时，网络内的独立源必须先置零，以免损坏万用表。

5. 测量时注意电流量程的更换。

五、实验仪器

1. 直流稳压电源　　　　　　　　　　1 台
2. 万用表　　　　　　　　　　　　　1 块
3. 实验箱　　　　　　　　　　　　　1 台

六、预习要求

计算相应的理论值，完成预习报告。

七、报告要求

1. 利用表 1-7-1 测量结果验证叠加定理，并与理论计算值相比较，求出其相对误差，分析误差产生的原因。

2. 利用表 1-7-2 的测量结果验证戴维南定理，并与理论计算值相比较，求出其相对误差，分析误差产生的原因。画戴维南等效电路。

3. 回答下列思考题：

（1）电路符合什么条件时叠加定理成立？

（2）能否用叠加定理去计算线性电阻网络中各电阻的功率？用实验所得结果去说明。

（3）叠加原理中 U_1、U_2 分别单独作用，在实验中应如何操作？可否直接将不作用的电源（U_1 或 U_2）去掉？若将 U_2 改为电流源，如何验证叠加原理？

（4）实验电路中，若在线路中接入二极管，试问叠加原理与比例性还成立吗？为什么？

（5）在求戴维南等效电路时，作短路实验测 I_{sc} 的条件是什么？

4. 谈谈本次实验的体会。

实验八　正弦交流电路中 RLC 元件的性能

一、实验目的

1. 用伏安法测定电阻、电感和电容元件的交流阻抗及参数 R、L、C 的值。
2. 研究 R、L、C 元件阻抗随频率变化的关系。
3. 研究 R、L、C 并联电路中端电压与电流间的相位关系。

二、实验原理

1. R、L、C 元件的阻抗大小与频率的关系及测量

对于电阻 R 元件来说，在正弦交流电路中的伏安特性和直流电路并没有什么区别，其相量关系为
$$\dot{U} = \dot{I}R$$
其中 $\dot{U} = U\angle\phi_u$，$\dot{I} = I\angle\phi_i$ 分别为电压和电流相量，将它代入上式中

有效值关系：$U = IR$，　相位关系：$\phi_u = \phi_i$

由此可知电阻元件两端电压符合欧姆定律，电流和电压是同相的，且电阻值和频率无关。

电容 C 元件的相量关系为
$$\dot{U} = \dot{I}Z_C$$
其中电压相量 $\dot{U} = U\angle\phi_u$，电流相量 $\dot{I} = I\angle\phi_i$，$Z_C = \dfrac{1}{j\omega C}$，将其代入上式得到如下关系。

有效值关系：$U = \dfrac{I}{\omega C}$，

相位关系：$\phi_i = \phi_u + \dfrac{\pi}{2}$

由此可知电容器 C 两端电压的幅度及电流幅值不仅与电容 C 的大小有关，而且和角频率的大小有关。当电容 C 一定时，f 越高，电容器的阻抗 X_C 越小，在电压一定的情况下电流的幅值越大；反之，频率 f 越低，电容器的阻抗 X_C 越大，流过电容的电流越小。电容元件具有高通低阻和隔断直流的作用。当若 f 为已知，则电容元件的电容为 $C = \dfrac{1}{2\pi f X_C}$

电容元件的特点是电流超前端电压 90°。

电感 L 元件的相量关系为
$$\dot{U} = \dot{I}Z_L$$
其中电压相量 $\dot{U} = U\angle\phi_u$，电流相量 $\dot{I} = I\angle\phi_i$，$Z_L = j\omega L$。将其代入上式中得

有效值关系：$U = \omega L I$

相位关系：$\phi_u = \phi_i + \dfrac{\pi}{2}$

此式表明电感 L 的阻抗 X_L 是频率的函数，频率 f 越高，电感的阻抗 X_L 越大，在电压一定的情况下，流过电感的电流越小；反之频率 f 越低，感抗 X_L 越小，流过电感的电流越大，因此电感元件具有低通高阻的性质。若 f 为已知，则电感元件的电感为 $L = \dfrac{X_L}{2\pi f}$

理想电感的特性是电流落后其端电压 90°。

2. RLC 并联电路中总电流和分电流的关系

图 1-8-1 为 RLC 并联电路，其中 r 为电感的绕线电阻。根据基尔霍夫电流定律

图 1-8-1　RLC 并联电路

$$\dot{I} = \dot{I}_R + \dot{I}_L + \dot{I}_C$$

其中 $\dot{I}_R = \dfrac{\dot{U}}{R}$，$\dot{I}_L = \dfrac{\dot{U}}{r + j\omega L}$，$\dot{I}_C = j\omega C\dot{U}$

所以 $\dot{I} = (\dfrac{1}{R} + \dfrac{1}{r + j\omega L} + j\omega C)\dot{U}$

式中说明总电流相量 I 是各支路电流 I_R、I_L、I_C 相量的代数和。

　　对于上面各式中的电压可以用毫伏表测量，那么 I 如何测量呢？既不能用万用表，也不能用普通的交流电流表。因为它们的测试频率很低，所以对电流 I 只能采用间接的方法去测量。由于对纯电阻来讲，电流和电压是同相的。如果将被测元件与一纯电阻串联，由于它们的电流相同，所以只要测出纯电阻 R_0 上的电压 U，那么流过这个串联支路的电流 I，利用 $I = U/R_0$ 就可以求得。在图 1-8-1 所示的电路中，通过测 R_0 上的电压来求得流过被测元件的电流，因此，R_0 被称为电流取样电阻。需要注意的是，为了不对被测电路产生影响，R_0 的阻值应远小于被测元件的阻抗。

三、实验内容及步骤

　　1. 按图 1-8-2 组装实验电路，其中 $R = 820\Omega$，$L = 8.2\text{mH}$，$C = 0.1\mu\text{f}$，$R_0 = 10\Omega$。

　　将正弦信号发生器的输入电压（有效值）调到 2V，频率为 10kHz，分别闭合 S_1、S_2、S_3 开关，测量各支路的电流 I_R、I_L、I_C 及总电流 I；将测量结果记录于表 1-8-1 中。并与理论值相比较，分析误差。

图 1-8-2　实验电路

表 1-8-1

支路电流		计算值	测量值	误差（%）
	I_R			
	I_L			
	I_C			
总电流				

注：电流测量采用间接测量方法，用毫伏表测量 $R_0=10\Omega$ 上的电压，然后折算成电流。

2. 用双踪示波器观察图 1-8-2，在 S_1、S_2、S_3 分别闭合时，RLC 元件的电压和电流的相位关系，用坐标纸描绘观察到的图形，分析 RLC 元件的相位关系。

*3. 测量 RLC 元件阻抗与频率的关系。

如图 1-8-2 所示实验电路，保持信号源幅度不变，按要求测量在不同频率下 R、X_L、X_C。将数据记录于表 1-8-2 中。

表 1-8-2

测量元件	频率/Hz	500Hz	1kHz	5kHz	10kHz	20kHz
R	U_R (V)					
	U_{R0} (V)					
	R (Ω)					
L	U_L (V)					
	U_{R0} (V)					
	X_L (Ω)					
C	U_C (V)					
	U_{R0} (V)					
	X_C (Ω)					

四、注意事项

每次改变开关 S，必须重新调节函数发生器的输出电压，使其始终保持 2V。

五、实验仪器

1. 函数信号发生器　　　　　1 台
2. 数字示波器　　　　　　　1 台
3. 万用表　　　　　　　　　1 块
4. 实验箱　　　　　　　　　1 台
5. 交流毫伏表　　　　　　　1 台

六、预习要求

结合理论教材的有关内容，弄清楚电阻、电感、电容的测定方法；弄清两个信号相位差的测量原理及测量方法；完成预习报告。

七、报告要求

1. 整理测量结果，分别列表、绘图表示。说明 RLC 元件在交流电路中的性能。

2. 根据实验结果，在方格纸上绘制 R、L、C 三个元件的阻抗频率特性曲线，说明各元件的阻抗与哪些因素有关。

3. 对实验 1 内容进行分析，从理论上说明总电流与各支路电流的关系。

4. 谈谈本次实验的体会。

实验九　串联谐振电路

一、实验目的

1. 研究串联谐振电路发生的条件和特征，了解电路参数对谐振特性的影响。
2. 学习测定 RLC 串联谐振电路幅频特性曲线，加深理解电路的"选频"特性。
3. 加深理解品质因数 Q 的意义。

二、实验原理

图 1-9-1　R、L、C 串联电路

1. **由电感和电容元件串联组成的一端口网络如图 1-9-1 所示。该网络的等效阻抗**

$$Z = R + j(\omega L - 1/\omega C)$$

是电源频率的函数。

当该网络发生谐振时，其端口电压与电流同相位，即

$$\omega L - 1/\omega C = 0$$

得到谐振角频率 $\omega_0 = 1/\sqrt{LC}$。

显然，谐振角频率仅与元件 L、C 的数值有关，而与电阻 R 和激励电源的角频率 ω 无关。$\omega < \omega_0$ 时，电路呈容性，阻抗角 $\varphi < 0$；当 $\omega > \omega_0$ 时，电路呈感性，阻抗角 $\varphi > 0$。

谐振时的感抗 ωL 等于容抗 $1/\omega C$，并等于电路的特性阻抗 ρ，

即

$$\omega_0 L = \frac{1}{\omega_0 C} = \frac{1}{\sqrt{LC}} \cdot L = \sqrt{\frac{L}{C}} = \rho$$

从上式可看出，特性阻抗只与电路元件的参数 L、C 有关，当电路参数确定后，ρ 即确定，它反映电路的固有特性。

特性阻抗 ρ 与电阻 R 的比值为品质因数 Q，即

$$Q = \rho/R = \omega_0 L/R = \sqrt{L/C}/R = \frac{\rho}{R}$$

2. **电路处于谐振状态时的特性**

(1) 由于回路总电抗 $X_0 = \omega_0 L - 1/\omega_0 C = 0$，因此，回路阻抗 $|Z_0|$ 为最小值，整个回路相当于一个纯电阻电路，激励电源的电压与回路的响应电流同相位。

(2) 由于感抗 $\omega_0 L$ 与容抗 $1/\omega_0 C$ 相等，所以电感上的电压 U_L 与电容上的电压 U_C 数值相等，相位相差 $180°$，电感上的电压（或电容上的电压）与激励电压之比称为品质因数 Q，即谐振时，电路的阻抗最小。

在谐振时，由于电流最大，L 和 C 上的端电压大小相等并相互抵消，但是各自的电压值却是很大的。特别是当电路有效电阻 R 很小时，L 和 C 上的谐振电压可能是外加电压 U_s 的很多倍。因此，串联谐振也称为电压谐振，可利用这一谐振特性，从众多频率不同的信号中选出频率为 f_0 的信号。电路有效电阻 R 越小，L 和 C 上的谐振电压 U_{LO}、U_{CO} 与外加电压 U_s 的比值越大，电路的选频性能越好。当端口电压 U 一定时，电路电流达到最大值（见图 1-9-2）。该值大小仅与电阻的阻值有关，与电感和电容的值无关；谐振时电感电压与电

容电压有效值相等，相位相反。电抗电压为零，电阻电压等于总电压，电感或电容电压是总电压的 Q 倍，即

$$Q = \frac{U_L}{U_s} = \frac{U_C}{U_s} = \frac{\omega_0 L}{R} = \frac{1}{\omega_0 CR} = \frac{1}{R}\sqrt{\frac{L}{C}}$$

$$U_R = U_s \quad U_L = U_C = QU_s$$

在 L 和 C 为定值的条件下，Q 值仅仅决定于回路电阻 R 的大小。电阻 R 越小，Q 值越大；反之，电阻 R 越大，Q 值越小。

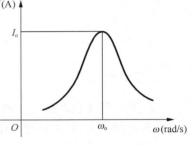

图 1-9-2　串联谐振电路的电流

3. 串联谐振电路的频率特性

（1）RLC 串联电路的电流是电源频率的函数，即

$$I(\omega) = \frac{U}{|Z(j\omega)|} = \frac{U}{\sqrt{R^2 + (\omega L + 1/\omega C)^2}}$$

$$= \frac{U/R}{\sqrt{1 + Q^2(\omega/\omega_0 - \omega_0/\omega)^2}} = \frac{I_0}{\sqrt{1 + Q^2(\omega/\omega_0 - \omega_0/\omega)^2}}$$

在电路的 L、C 和信号源电压 U_s 不变的情况下，不同的 R 值得到不同的 Q 值。对应不同 Q 值的电流幅频特性曲线如图 1-9-3（a）所示。为了研究电路参数对谐振特性的影响，通常采用通用谐振曲线。对上式两边同除以 I_0 作归一化处理，得到通用频率特性

$$\frac{I}{I_0} = \frac{1}{\sqrt{1 + Q^2(\omega/\omega_0 - \omega_0/\omega)^2}}$$

（a）不同 Q 值时的电流幅频特性　　　　　（b）通用谐振曲线

图 1-9-3　R、L、C 串联谐振电路的特性曲线

与此对应的曲线称为通用谐振曲线。该曲线的形状只与 Q 值有关。Q 值相同的任何 R、L、C 串联谐振电路只有一条曲线与之对应。图 1-9-3（b）绘出了对应不同 Q 值的通用谐振曲线。

（2）通用谐振曲线的形状越尖锐，表明电路的选频性能越好。也就是说，回路的品质因数 Q 越大，在一定的频率偏移下，$\frac{I}{I_0}$ 下降越厉害，电路的选择性就越好。为了衡量谐振电路对不同频率的选择能力引入通频带概念，定义通用谐振曲线幅值从峰值 1 下降至 0.707 倍时对应的频率为截止频率 ω_C。幅值大于峰值的 0.707 倍所对应的频率范围称为通带宽。为了衡量谐振电路对不同频率的选择能力，定义幅频特性中幅值比下降到峰值的 $\frac{1}{\sqrt{2}} = 0.707$ 倍时的两个频率 ω_1、ω_2 分别叫做下 3 分贝频率。这两个频率差为通频带 BW：$BW = \omega_2 - \omega_1$。

显然，Q 值越高，通频带越窄，电路选择性越好。

且 $BW = \omega_2 - \omega_1 = R/L$，故电路参数决定了 BW。

（3）激励电压与相应电流的相位差角 φ 和激励电源角频率 ω 的关系为相频特性，即

$$\varphi(\omega) = \arctan\left(\dfrac{\omega L - \dfrac{1}{\omega C}}{R}\right) = \arctan\left(\dfrac{X}{R}\right)$$

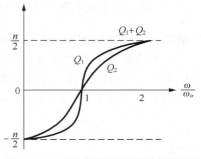

显然，当电源频率 ω 从 0 变到 ω_0 时，电抗 X 由 $-\infty$ 变到 0 时，φ 角从 $-\dfrac{\pi}{2}$ 变到 0，电路为容性电路。当 ω 从 ω_0 增大到 ∞ 时，电抗 X 由 0 增加到 ∞，φ 角从 0 增大 $\dfrac{\pi}{2}$，电路为感性电路。相角 φ 与 $\dfrac{\omega}{\omega_0}$ 的关系称为通用相频特性，如图 $1-9-4$ 所示。

谐振电路的幅频特性和相频特性是衡量电路特性的重要标志。

图 $1-9-4$　RLC 串联谐振电路的相频特性

4. 串联谐振电路中，电感和电容的电压

电感电压：$U_L = \dfrac{X_L}{R} U_i = Q U_i$　　电容电压：$U_C = \dfrac{X_C}{R} U_i = Q U_i$

显然，U_L 和 U_C 都是激励源角频率 ω 的函数，当 $Q > 0.707$ 时，U_C 和 U_L 才能出现峰值，并且 U_C 的峰值出现在 $\omega = \omega_0 < \omega_0$ 处，U_L 的峰值出现在 $\omega = \omega_L > \omega_0$ 处。Q 值越高，出现峰值离 ω_0 越近。由于电路谐振时，电感及电容上电压幅值为输入电压幅值的 Q 倍。若 $\omega_0 L = 1/\omega_0 C$ 远远大于电阻 R，则品质因数远远大于 1。在这种情况下，电感及电容上的电压就会远远超过输入电压。这种现象在无线电通信中获得了广泛的应用，而在电力系统中，则应极力设法避免。

对于 Q 的测量，可以依据公式 $Q = \dfrac{U_L}{U_i} = \dfrac{U_C}{U_i}$ 来测量，如图 $1-9-5$ 所示。

图 $1-9-5$　RLC 串联谐振测量电路

5. 频率特性曲线的测试

测试可采用"逐点描绘法"或用"频率特性图示仪"（扫频仪）直观地观察。逐步法测试是严格按频率特性的定义进行的。如在测试转移电压比时是由频率可变的信号源输出幅度恒定的电压 U_1，将它加至被测网络的输入端，选择一定数目的测试频率点，在网络的输出端用毫伏表测量输出电压。然后计算输出电压与输入电压的比值。并描绘成幅频特性曲线。

相频特性曲线的测试是用双踪示波器测出输入与输出电压的相位差，当改变信号频率时，两者相位差也随着变化，由此可画出相频特性曲线。

逐步法的优点是可用常用的简单仪器进行测试，但由于测试一条特性曲线需取的频率点一般在十多个以上，很费时间，而且由于测试时间长，同时要更换频率的波段，测量仪器的不稳定会造成测试数据不准确，因此所得频率特性只能是近似的。

频率特性图示仪（扫频仪）是一种测试频率特性的专用仪器，它能用示波管直接显示被测网络的频率特性曲线。但扫频仪显示的图形是网络的幅频特性，一般没有显示相频特性的能力。

三、实验内容及步骤

1. 测量 RLC 串联电路响应电压的幅频特性曲线

（1）实验电路如图 1-9-5 所示。图中 $L=0.1\mathrm{H}$，$C=0.1\mu\mathrm{F}$，$R=10\Omega$。计算 $f_0=\dfrac{1}{2\pi\sqrt{LC}}$，用交流毫伏表接在 R 两端，观察 U_R 大小，然后调整输入电源的频率，使电路达到串联谐振，当观察到 U_R 最大时电路发生谐振，此时的频率即为 f_0。

（2）测定电路的幅频特性。保持其 $U_i=3\mathrm{V}$（有效值），以 f_0 为中心，调节正弦信号发生器频率从 $100\sim5000\mathrm{Hz}$。在 f_0 两旁各选择几个测试点，注意观察 U_L、U_C、U_R 有什么变化，将现象记录于表 1-9-1 中，试分析其原因。

表 1-9-1

f（Hz）			f_0			
U_L（V）						
U_C（V）						
U_R（V）						

（3）在上述条件下，R 更换为 100Ω 电阻，即改变回路 Q 值重复上述实验，实验结果记录于自拟表格中。

2. 测定电路的相频特性

仍保持 $U_i=3\mathrm{V}$（有效值），$L=0.1\mathrm{H}$，$C=0.1\mu\mathrm{F}$，$R=10\Omega$。以 f_0 为中心，调节正弦信号发生器频率从 $100\sim5000\mathrm{Hz}$。在 f_0 两旁各选择几个测试点，从示波器上显示的电压和电流波形测量出每个测试点电压与电流之间的相位差 $\varphi=\varphi_u-\varphi_i$，数据表格自拟。

四、注意事项

1. 每次改变信号电源的频率后，注意调节输出电压（有效值）使其保持为定值。

2. 实验前应根据所选元件数值，从理论上计算出谐振频率 f_0 和 $R=100\Omega$ 时的 ω_0、ω_C、ω_L 值。

3. 正弦信号发生器上电压的读数仅作参考，需用交流毫伏表测量其输出电压。

4. 在测量电压时，要注意毫伏表量程的改变。

五、实验仪器

1. 函数信号发生器　　　　　　1 台

2. 数字示波器　　　　　　　　1 台

3. 万用表　　　　　　　　　　1 块

4. 实验箱　　　　　　　　　　1 台

5. 交流毫伏表　　　　　　　　1 台

六、预习要求

结合理论教材的有关内容，弄清楚串联谐振的条件及特征；弄清怎样用实验的方法去判断一个电路是否处于谐振状态；完成预习报告。

七、实验报告要求

1. 根据实验数据，分别列表，并绘制不同 Q 值的幅频特性曲线和相频特性曲线，从曲线中找出 f_1、f_0、f_2、ω_L、ω_0，并与计算值加以比较，并作简略分析。计算电流 I_0，注意 L 不是理想电感，本身还有电阻，而且当信号的频率较高时电感线圈有肌肤效应，电阻值会有所增加，可先测量出 U_C、U_S，求出 Q 值，然后根据已知的 L、C 算出总电阻。

2. 通过实验总结 RLC 串联谐振电路的主要特点及用哪些实验方法可以判断电路处于谐振状态。

3. RLC 串联电路发生谐振时，是否有 $U_2 = U_1$ 和 $U_C = U_L$？若关系式不成立，或近似，试分析其原因。

4. 绘制两组参数的 $I \sim f$ 电流谐振曲线，电流可以通过公式 $I = U_R / R$ 算出。

5. 绘制第一组参数的 $X_C \sim f$，$X_L \sim f$ 电抗频率特性曲线，并从电抗频率特性曲线求出品质因数，并与理论值做比较。

实验十　三相电路电压与电流的测量

一、实验目的

1. 学习三相负载的连接方法。

2. 验证 Y 形和三角形连接下，三相电路中的线电压与相电压，线电流与相电流之间的关系。

3. 了解负载中性点位移的概念及中线的作用。

4. 了解相序的判断方法。

二、实验原理

三相负载的基本连接方法有星形与三角形两种，对于星形连接，按其有无中线又可分为三线制和四线制。

当电源与负载都对称时，在星形连接的三相电路中，$I_\text{线} = I_\text{相}$，$U_\text{线} = \sqrt{3}\,U_\text{相}$。而在三角形连接的三相电路中，$U_\text{线} = U_\text{相}$，$I_\text{线} = \sqrt{3}\,I_\text{相}$。负载不对称，无中线时，将出现中性点位移现象，中性点位移后，各相负载电压不对称；有中线时，且中线阻抗足够小，各相负载电压仍对称，但这时的中线电流不为零。中线的作用就在于使星形连接的不对称负载的相电压对称。在实际电路中，为了保证负载的相电压对称，就不应让中线断开。

在三相四线制情况下，中线电流等于三个线电流的相量和，当电源与负载对称时，中线电流应等于零，电源或负载出现任何不对称时，中线电流不为零。

三相电源的相序有正序和逆序之分，如果 U_A 比 U_B 超前 $2\pi/3$，U_B 比 U_C 超前 $2\pi/3$，则 A、B、C 的相序为正序，反之便称为逆序。

三、实验内容及步骤

1. 用 1−10−1 所示相序器测定相序。实验所用的相序器为无中线星形不对称负载，相序器的其中一相为 $2.2\mu\text{F}$ 的电容，另两相为功率相同的灯泡。把三端分别接到三条火线上，根据灯泡的明暗程度判定电源的相序。

理解中性点位移原理。由理论分析可知，灯泡较亮的一相相位超前于灯泡较暗的一相，而滞后于接电容的一相。这样就测出了三相电源的相序。所测三相电源相序为：假设接电容的一相为 A 相、那么灯泡较亮的一相就为 B 相、灯泡较暗的一相为 C 相。

注意事项：

（1）相序 A、B、C 是相对的，任何一相都可作为 A 相，但 A 相确定后，B 相和 C 相也就确定了。

图 1−10−1　测定相序电路

（2）当负载为三相电动机，涉及电动机的转动方向时，必须知道三相电源的相序，但本实验可不必按相序进行接线。

2. 按图 1−10−2 所示电路测量负载做星形连接时线电压、相电压与中线电压，相电流与中线电流。研究各种不同情况下，这些电路变量之间关系。测试内容由表 1−10−1 给出。

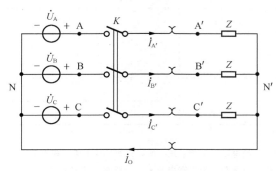

图 1 - 10 - 2 星形连接三相电路

表 1 - 10 - 1 　　　　　　　　　　　负载星形连接的测量数据

		$U_{A'B'}$	$U_{B'C'}$	$U_{C'A'}$	$U_{A'N'}$	$U_{B'N'}$	$U_{C'N'}$	$U_{NN'}$	$I_{A'}$	$I_{B'}$	$I_{C'}$	I_0
负载对称	有中线											
	无中线											
负载不对称	有中线											
	无中线											
断线	有中线											
	无中线											
短路	无中线											

注意事项：

（1）实验室提供的三相电源是对称的，线电压为 220V。由白炽灯组成三相负载，如图 1-10-2 所示，通过调整白炽灯数目使负载对称与不对称。

（2）断线时，为保证安全，应直接从电源端断开。短路为某相负载短路，切记不能有中线，否则将把电源短路。

（3）由于在三相电路中，当负载星形连接时，不论是三线制还是四线制，相电流恒等于线电流，在图 1-10-3 所示的电路中，只测量线电流。

（4）在星形连接负载不对称时，注意灯泡亮度的变化。

3. 按图 1-10-3 所示电路测量负载作三角形连接时的线电流与相电流。研究各种不同情况下，这些电路变量之间的关系。测试内容由表 1-10-2 给出。

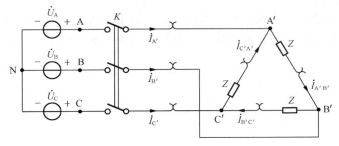

图 1 - 10 - 3 负载三角形连接的三相电路

表 1 - 10 - 2   负载三角形连接的测量数据

	$I_{A'}$	$I_{B'}$	$I_{C'}$	$I_{A'B'}$	$I_{B'C'}$	$I_{C'A'}$
对称负载						
不对称负载						
A′B′相断线						
CC′线断线						

注：

（1）由于负载作三角形连接时，线电压等于相电压，所以只测试线电流和相电流。

（2）为防止短路，连线时应先把负载和电流插座串起来，电流插座可按红黑—红黑—红黑顺序串接，再从 3 个红接线柱或 3 个黑接线柱引出 3 根线接到电源上。

四、注意事项

1. 由于电压较高，每次更换电路接线之前必须切断电源。

2. 为防止烧坏灯泡，电源线电压降至 220V。

3. 为了防止短接电源，Y 形负载做一相短路实验时不准有中线。三角形负载不做一相短路实验。

五、实验仪器

1. 函数信号发生器   1 台
2. 数字示波器   1 台
3. 万用表   1 块
4. 实验箱   1 台
5. 交流毫伏表   1 台

六、预习要求

结合理论教材的有关内容，复习三相交流电路的有关知识，完成预习报告。

七、实验报告要求

1. 整理实验数据，验证不连接下和不同负载下线电压与相电压、线电流与相电流的关系。

2. 根据实验数据，说明在三相四线制中中线所起的作用。

3. 思考下列问题：

（1）负载星形连接时，中线的作用是什么，中线上是否允许安装保险丝？

（2）在星形连接负载不对称有中线时，各灯泡亮度是否一致？断开中线各灯泡亮度是否一致？为什么？

实验十一　二阶动态电路暂态过程的研究

一、实验目的

1. 学习使用示波器观察和分析 RLC 串联电路与矩形脉冲接通的暂态过程。

2. 观察二阶电路的三种过渡状态，即非振荡、振荡和临界状态。利用波形，计算二阶电路暂态过程的有关参数。

二、实验原理

将 RLC 串联电路接至信号源，根据接线画出实际的二阶电路图（见图 1-11-1）。

图 1-11-1　二阶电路原理图

当 $R > 2\sqrt{\dfrac{L}{C}}$ 时，电路处于非振荡状态，也称为过阻尼状态；

当 $R < 2\sqrt{\dfrac{L}{C}}$ 时，电路处于振荡状态，也称为欠阻尼状态；

当 $R = 2\sqrt{\dfrac{L}{C}}$ 时，电路处于临界状态。

当 $R < 2\sqrt{\dfrac{L}{C}}$ 时，衰减系数 $\delta = \dfrac{R}{2L}$，$\omega_0 = \dfrac{1}{\sqrt{LC}}$，是在 $R = 0$ 情况下的振荡角频率，称为无阻尼振荡电路的固有角频率。在 $R \neq 0$ 时，RLC 串联电路的固有振荡角频率 $\omega' = \sqrt{\omega_0^2 - \delta^2}$ 将随 $\delta = \dfrac{R}{2L}$ 的增加而下降。振荡角频率 ω' 可以通过示波器观测电容电压 $U_C(t)$ 的波形求得。$\omega' = 2\pi \dfrac{n}{T}$，式中 n 为周期 T 时间内振荡的次数。

三、实验内容及步骤

1. 调节信号源并用示波器观察，使之输出方波。幅值为 3V，频率 $f = 500\text{Hz}$。

2. 将 RLC 串联电路接至信号源，根据接线画出实际的电路图。调定电感箱电感 L（一般取 400mH）、电容箱电容 C 和电阻箱电阻 R，使 $R > 2\sqrt{\dfrac{L}{C}}$，用示波器观察 $u_S(t)$ 的波形及非振荡状态的 $U_C(t)$、$U_R(t)$、$U_L(t)$ 的波形并依次用坐标纸绘出。

提示：电路图中 R、L、C 为可调；绘坐标图时，绘出 1.5 ~ 2 个周期的波形即可；在波形图旁标出 R、L、C 的取值。

3. 调节电感箱电感 L（一般取 400mH）、电容箱电容 C 和电阻箱电阻 R，使 $R <$ $2\sqrt{\dfrac{L}{C}}$。使用示波器观察振荡状态的 $U_C(t)$、$U_R(t)$、$U_L(t)$ 的波形，尽量使振荡频率高一些，即在 T 时间内振荡次数 n 较多，绘出此时 $U_C(t)$、$U_R(t)$、$U_L(t)$ 的波形。固定电感和电容值，在保证电路一直处于振荡的前提下，调节电阻值，用示波器进行观察，再绘出两种 $U_C(t)$ 的波形。比较三种情况下 $U_C(t)$ 的波形，对于每种情况，记录对应的参数，计算衰减系数和振荡频率（按公式 $\omega' = \sqrt{\omega_0^2 - \delta^2}$ 及 $\omega' = 2\pi\dfrac{n}{T}$ 分别计算 ω' 的值）。对观测结果和计算结果与理论值比较并进行讨论。

提示：在实验的操作中，为了看到比较明显的振荡波形，电容 C 的值应取一个较小的值，如 0.001μF，并在观察示波器的同时适当调节电阻 R 的值。

四、注意事项

1. 示波器和信号源要正确接地。

2. 测量电阻值时，应将电位器从电路中拔下后方可测量。临界状态的阻值应预先计算，根据计算值调整电阻值后，再装入电路，如波形不属于临界状态，则调节电位器值，使波形处于临界状态。

五、实验仪器

1. 函数信号发生器　　　　　　　1 台
2. 数字示波器　　　　　　　　　1 台
3. 万用表　　　　　　　　　　　1 块
4. 实验箱　　　　　　　　　　　1 台
5. 交流毫伏表　　　　　　　　　1 台

六、预习要求

学习电路教材中的相应内容；预习本次实验内容，完成预习报告。

七、实验报告要求

1. 根据观测结果，在方格纸上描绘二阶电路过阻尼、临界阻尼和欠阻尼的响应波形。
2. 结合元件参数的改变，对响应变化趋势的影响加以分析讨论。
3. 回答下列思考题：

（1）如果输入信号的角频率等于网络的固有频率，是否会存在正弦稳态响应？

（2）当 $R + r_L \gg 2\sqrt{\dfrac{L}{C}}$（过阻尼时），输入为不等于固有频率的正弦信号，其响应是否仍为正弦？

（3）如果矩形脉冲的频率提高（如 2kHz），所观察到的波形仍然是零输入和零状态响应吗？

实验十二　功率因数提高的实验

一、实验目的

1. 了解日光灯的组成和工作原理。
2. 研究正弦稳态交流电路中电压、电流相量之间的关系。
3. 改善电路功率因数的意义。
4. 设计交流电路中的补偿电容器。
5. 会利用三表法测定镇流器等效参数。

二、实验原理

1. 日光灯发光原理

本次实验所用的负载是日光灯。日光灯管 A 内壁涂有荧光粉，管内充有惰性气体和少量水银。管两端各有一组灯丝电极，灯丝加热后会发射电子。整个实验电路是由灯管、镇流器和启辉器组成。如图 1-12-1 所示。镇流器 L 是一个带铁芯的电感线圈，在电路中起限流、降压作用。启辉器 S 中有一个辉光放电管和一个并联小电容。辉光放电管内有一个由两个不同热膨胀系数的金属片粘贴在一起的弯曲的热敏开关。小电容 C 跟热敏开关和灯管都是并联的，C 可消除开关火花和灯管产生的无线电干扰。

当电源开关接通时，热敏开关是断开的，220V 交流电几乎加在启辉器上，其管内产生强电场使辉光放电，弯曲的双金属片被加热，于是热膨胀使热敏开关闭合。这时启辉器辉光熄灭，同时灯丝发热而发射热电子。发射出的热电子使灯管内水银产生气体并处于电离状态。双金属片很快冷却，热敏开关断开，镇流器中电流突变，而产生高压使灯管中气体放电而导通。紫外线激励灯管内壁的荧光粉，发出柔和的可见光。灯管导通后的电压远小于启辉器辉光放电的电压，所以启辉器保持断开状态。

由于镇流器是一个铁芯线圈，因此日光灯是一个感性负载，功率因数较低，采用并联电容的方法可以提高整个电路的功率因数，其电路如图 1-12-2 所示。选取适当的电容值使容性电流等于感性的无功电流，从而使整个电路的总电流减小。电路的功率因数将会接近于 1。功率因数提高后，能使电源容易得到充分利用，还可以降低线路的损耗，从而提高传输效率。

图 1-12-1　实验电路

图 1-12-2　并联电容后的电路

2. 功率因数补偿和补偿电容器的计算

图 1-12-2 所示日光灯电路可以等效为一个 RL 负载。灯管可看成纯电阻，镇流器是

铁芯线圈。电感很大，而直流电阻很小。将电源加入日光灯电路，设电压为 U、电流为 I，则可知它消耗的有功功率

$$P = \int_0^t ui\,\mathrm{d}t \tag{1-12-1}$$

代入

$$u = \sqrt{2}\sin\omega t \qquad i = I\sqrt{2}\sin(\omega t - \varphi) \tag{1-12-2}$$

可以得到

$$P = UI\cos\varphi = UI_0 \tag{1-12-3}$$

功率的有效电流是 I_0，而实际流入电流是 I，比 I_0 大得多。这就要求电源有供大电流的能力，而且大电流在外线路中流动，增大损耗功率。

$\cos\varphi$ 称为**功率因数**。当功率因数为 1 时，$I = I_0$，外线路电流最小，全为有功电流。电厂很希望把功率因数提高到 1 或接近 1。

对感性负载，提高功率因数的方法是在负载上并联一个适当大小的电容器 C（称为补偿电容器）。即用电容的无功电流去补偿电感的无功电流，使外线路电流（即电路的总电流）减少。电容补偿前后的电流相量，如图 1-12-3 所示。

由图 1-12-3 所示的电流相量关系，可求得补偿电容的大小。

$$C = \frac{I_c}{\omega U} = \frac{P}{2\pi fU^2}(\tan\varphi - \tan\varphi') \tag{1-12-4}$$

图 1-12-3　电容补偿前后的电流相量

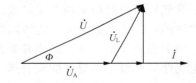

图 1-12-4　日光灯电压相量三角形

3. 镇流器等效参数的测定

图 1-12-4 为日光灯电压相量三角形，其中 U_A 为灯管端电压，U_L 为镇流器端电压，U 为电源电压。

由图 1-12-4 所示的相量三角形可知

镇流器电感等效阻抗

$$X_L = \frac{U\sin\varphi}{I} \tag{1-12-5}$$

镇流器等效电感

$$L = \frac{U\sin\varphi}{2\pi fI} \tag{1-12-6}$$

镇流器等效电阻

$$R = \frac{U\cos\varphi - U_A}{I} \tag{1-12-7}$$

三、实验内容及步骤

1. 按图 1-12-5 接完线，请老师检查后，方可通电实验。

2. 接通电源，断开电容，记下此时的 P 及 I 值，并用万用表测量 U 及 U_R 的值，记录于表 1-12-1 中。

3. 接通电容，逐渐增大电容分别为 $1\mu\mathrm{F}$、$2\mu\mathrm{F}$、$3\mu\mathrm{F}$、$4\mu\mathrm{F}$、$5\mu\mathrm{F}$、$6\mu\mathrm{F}$、$8\mu\mathrm{F}$、$10\mu\mathrm{F}$

图 1-12-5　实验电路

时，测量不同情况下的 I 和 P 值。同样用万用表测量不同电容时的 U_R、U_L、U_C 记录于表 1-12-1 中。

表 1-12-1

电容值 (μF)	测　量　值						计　算 cosΦ
	U	I	U_R	U_L	U_C	P_W	
0							
1							
2							
3							
4							
5							
6							
8							
10							

四、注意事项

1. 在整个实验过程中应保持电源电压不变。
2. 做实验时不要接触电容，以免电容放电发生触电事故。

五、实验仪器

1. 函数信号发生器　　　　　1 台
2. 数字示波器　　　　　　　1 台
3. 万用表　　　　　　　　　1 块
4. 实验箱　　　　　　　　　1 台
5. 交流毫伏表　　　　　　　1 台
6. 40W 日光灯组件　　　　　1 套

六、预习要求

结合理论教材的有关内容，完成预习报告。

七、实验报告要求

1. 计算并入及未并入电容时的功率因数，填入表格。完成数据表格中的计算，进行必要的误差分析。

2. 根据实验数据，分别绘出电压、电流相量图，验证相量形式的基尔霍夫定律。

3. 讨论改善电路功率因数的意义和方法。

4. 装接日光灯线路的心得体会及其他。

5. 回答下列思考题：

（1）提高功率因数有何意义？绘制 $I = F(C)$ 曲线，并说明电容并联的是否越多越好，为什么？

（2）当 C 改变时，功率表的读数及日光灯支路的电流是否改变，为什么？

（3）在日常生活中，当日光灯上缺少了启辉器时，人们常用一根导线将启辉器的两端短接一下，然后迅速断开，使日光灯点亮；或用一只启辉器点亮多只同类型的日光灯，这是为什么？

（4）为了提高电路的功率因数，常在感性负载上并联电容器，此时增加了一条电流支路，试问电路的总电流是增大还是减小，此时感性元件上的电流和功率是否改变？

（5）提高电路功率因数为什么只采用并联电容器法，而不用串联法？所并联的电容器是否越大越好？

（6）如果日光灯点燃后，灯管两端发红而不能正常导通，请检查是什么情况造成的？

实验十三 耦合电感的研究

一、实验目的

1. 测定耦合电感线圈的同名端与互感系数。
2. 次级回路负载对初级回路负载的影响。

二、实验原理

发生互感的两个线圈，其感应电压的同名极性根据线圈绕向的不同而不同。对已经制成的互感器件，在使用时，必须分清楚同极性端，即同名端。否则，有可能出现连线错误，这种错误轻则导致错误的结果，重则导致互感器件烧毁。

用直流断通法判定同名端，电路如图 1-13-1 所示。

在开关接通的瞬间，若电流表指针正向偏转，则电源的正极与电流表的正极为同名端。

互感电势法测定互感系数：电路如图 1-13-2 所示。当电压表内阻足够大时，测出的电压值，即为互感电压 U_2。

图 1-13-1　直流断通法判定同名端电路

图 1-13-2　实验电路

由公式
$$U_2 = \omega M I_1$$

得互感系数为
$$M = \frac{U_2}{\omega I_1}$$

耦合电感中，副边对原边的影响是通过 I_2 对原边的感应作用而引入的，若副边开路，负载阻抗 $|Z|$ 趋于无穷大，副边对原边的影响就不存在了。副边短路可通过计算原边的等效阻抗分析副边对原边的影响。

三、实验内容和步骤

1. 直流断通法判定同名端

电路如图 1-13-1 所示，在互感箱 1-2 端接直流电压源，3-4 端接指针式直流电流表。在开关闭合的瞬间，若电流表正向偏转，则电源的正极与电流表的正极为同名端。如电流表指针反向偏转，则电源的负极与电流表的正极为同名端。

2. 互感电势法测定互感系数 M

电路如图 1-13-2 所示，实验台的互感箱里是两个相互耦合的线圈。

当在 3-4 端加正弦电压，在 1-2 端即可产生互感电压为
$$\dot{U}_2 = j\omega M \dot{I}_1$$

当电压表内阻足够大时，可认为测出的电压值即为互感电压 U_2。

由计算可得互感系数

$$M = \frac{U_2}{\omega I_1}$$

实验中所用交流 7V 电压由信号源产生，其频率保持 50 Hz。

3. 等效电感法测互感系数 M

电路如图 1-13-3 所示，在耦合电感分别为正反串接时，测量 $P(W)$、$U_{AB}(V)$、$I(mA)$，记录于表 1-13-1 中。察看功率表和电流表的量程，记录与之对应的内阻，计算相应的值（其中 $R = \dfrac{P}{I^2}$）。

图 1-13-3　实验电路

表 1-13-1

串接 方式	测　量			记　录			计　算	
正串								
反串								

4. 观察次级回路负载对初级回路的影响

连接互感实验线路如图 1-13-4 所示，分别在下列两种情况下用示波器观察初级电压和电流的波形。

（1）次级短路。

（2）次级开路。

为了用示波器观测电流波形，在初级电路中串连一个电阻箱，阻值调为 10Ω。用示波器同时观测双路波形时，应注意两路信号的共地问题。

适当调节示波器的 TIME/DIV 旋钮以及两个通道的 VOLTS/DIV 旋钮，在（1）和（2）两种情况下观察到的波形画出并比较，分析次级回路负载对初级回路的影响。

图 1-13-4　实验电路

四、注意事项

1. 为防止线圈因电流过大而烧毁，要求流过 L_1，L_2 的电流不超过 1A。

2. 在用直流法判断同名端时，直流电源不可频繁开关，以免损坏。

3. 用交流电源时，应先将调压器调到零位置，然后打开电源开关，再逐渐调高电压直到规定值。用完后，调压器应调回零位，然后关掉电源。

五、实验仪器

1. 函数信号发生器　　　　　　　　　1台

2. 数字示波器　　　　　　　　　1 台

3. 万用表　　　　　　　　　　　1 块

4. 实验箱　　　　　　　　　　　1 台

5. 交流毫伏表　　　　　　　　　1 台

6. 直流稳压电源　　　　　　　　1 台

7. 功率表（自感式）　　　　　　1 台

8. 互感箱　　　　　　　　　　　1 台

六、预习要求

1. 复习实验中所用到的相关定理、定律和有关概念，领会其基本要点。

2. 根据实验电路计算所要求测试的理论数据，填入表 1-13-1 中。

七、实验报告要求

1. 总结互感线圈同名端、互感系数的测定方法。

2. 根据实验现象，定性总结影响互感的因素有哪些，并给出合理解释。

实验十四　双口网络参数的测量

一、实验目的

1. 学习测量无源性双口网络的参数。
2. 研究双口网络及其等效电路在有载情况下的性能。
3. 学习测量双口网络的输入及输出阻抗。

二、实验原理

一个网络 N，具有一个输入端口和一个输出端口，网络由集总、线性、时不变元件构成，其内部不含有独立电源（可以含有受控源）和初始条件为零，称为双口网络，如图 1 - 14 - 1 所示。

图 1 - 14 - 1　双口网络

因为电压、电流容易测量，且根据端口特性的不同，有的端口只能是压控，有的端口只能是流控，有的端口既是压控又是流控。因此，一般而言，用不同的激励来表示响应有如下一些表达式。

1. 阻抗参数 [Z(S)]

$$\begin{bmatrix} U_1(S) \\ U_2(S) \end{bmatrix} = \begin{bmatrix} Z_{11}(S) & Z_{12}(S) \\ Z_{21}(S) & Z_{22}(S) \end{bmatrix} \begin{bmatrix} I_1(S) \\ I_2(S) \end{bmatrix} \qquad (1 - 14 - 1)$$

互易条件： $$Z_{12}(S) = Z_{21}(S)$$

2. 导纳参数 [Y(S)]

$$\begin{bmatrix} I_1 \\ I_2 \end{bmatrix} = \begin{bmatrix} y_{11} & y_{12} \\ y_{21} & y_{22} \end{bmatrix} \begin{bmatrix} U_1 \\ U_2 \end{bmatrix} \qquad (1 - 14 - 2)$$

互易条件： $Y_{12} = Y_{21}$

3. 混合参数 [H(S)]

$$\begin{bmatrix} U_1 \\ I_2 \end{bmatrix} = \begin{bmatrix} h_{11} & h_{12} \\ h_{21} & h_{22} \end{bmatrix} \begin{bmatrix} I_1 \\ U_2 \end{bmatrix} \qquad (1 - 14 - 3)$$

互易条件： $h_{12} = -h_{21}$

混合参数的另一种表达方式为：

$$\begin{bmatrix} I_1 \\ U_2 \end{bmatrix} = \begin{bmatrix} g_{11} & g_{12} \\ g_{21} & g_{22} \end{bmatrix} \begin{bmatrix} U_1 \\ I_2 \end{bmatrix} \qquad (1 - 14 - 4)$$

互易条件： $g_{12} = -g_{21}$

4. 传输参数

$$\begin{bmatrix} U_1 \\ I_1 \end{bmatrix} = \begin{bmatrix} A & B \\ C & D \end{bmatrix} \begin{bmatrix} U_2 \\ -I_2 \end{bmatrix} \qquad (1 - 14 - 5)$$

互易条件： $AD - BC = 1$

传输参数的另一表达方法为：

$$\begin{bmatrix} U_2 \\ I_2 \end{bmatrix} = \begin{bmatrix} A' & B' \\ C' & D' \end{bmatrix} \begin{bmatrix} U_1 \\ -I_1 \end{bmatrix} \qquad (1 - 14 - 6)$$

互易条件：$A'D'-B'C'=1$

常用的是式（1-14-1）、式（1-14-2）、式（1-14-3）和式（1-14-5）这四种，一个双口网络根据给定条件的不同，会采用不同的参数表示双口，如 $Z(S)$ 主要用于电阻网络；$Y(S)$ 主要用于高频电路；$H(S)$ 主要用于低频电路；传输参数主要用于通信系统和电子系统。

三、实验内容和步骤

1. 按图 1-14-2 接好线，将无源双口网络的手柄置于"3"挡。在两个测量端口电流处，串接电流插座，只在测量端口电流时才把电流表串入电路。接线时应注意开关上的联线，弄清开关位置所对应的电路工作状态。保持端口电压有效值为 1V，按表 1-14-1 所列项目进行测量，将数据记录于表 1-14-1 中，计算 Z、Y、H 及 T 参数的值，然后打开开关 S_2；闭合开关 S_3 接入负载 Z_L，测量 $\dot{U}_1$ 及 $\dot{I}_1$ 的值，计算输入阻抗为

$$Z_{in}=\frac{\dot{U}_1}{\dot{I}_1}$$

图 1-14-2 无源双口网络实验电路

表 1-14-1

测量值						计算值			
$\dot{i}_1=0$			$\dot{i}_2=0$			Z_{11}	Z_{12}	Z_{21}	Z_{22}
$\dot{U}_1$	$\dot{U}_2$	$\dot{i}_2$	$\dot{U}_1$	$\dot{U}_2$	$\dot{i}_1$	Y_{11}	Y_{12}	Y_{21}	Y_{22}
$\dot{U}_1=0$			$\dot{U}_2=0$			A	B	C	D
$\dot{U}_2$	$\dot{i}_1$	$\dot{i}_2$	$\dot{U}_1$	$\dot{i}_1$	$\dot{i}_2$	H_{11}	H_{12}	H_{21}	H_{22}

2. 验证双口网络的 T 型等效电路。

（1）用步骤 1 中测得的 T 参数，计算 T 型等效电路的三个参数 Z_1、Z_2、Z_3。然后用

电阻箱取 3 个参数的近似值，组成 T 型等效电路。再对 T 型等效电路按表 1−14−2 所列项目进行测量，并记录于表 1−14−2 中，计算 H 参数。

表 1−14−2

H 参数	$\dot{U}_2 = 0$			$\dot{I}_1 = 0$			H_{11}	H_{12}	H_{21}	H_{22}
	$\dot{U}_1$	$\dot{I}_1$	$\dot{I}_2$	$\dot{U}_1$	$\dot{I}_2$	$\dot{U}_2$				

将表 1−14−1 与表 1−14−2 中计算的二端口网络的 H 参数进行比较。

（2）测量 T 型等效电路接有负载（$Z_L = 600\Omega$）时的输入阻抗 Z_{in}。

四、注意事项

1. 保持实验过程中端口电压不变。

2. 改接电路时，必须拉开电源闸刀。

五、实验仪器

1. 直流稳压电源　　　　　　　1 台

2. 万用表　　　　　　　　　　1 块

3. 实验箱　　　　　　　　　　1 台

六、预习要求

1. 复习实验中所用到的相关定理、定律和有关概念，领会其基本要点。

2. 根据实验电路计算所要求测试的理论数据，填入表中。

3. 写出完整的预习报告。

七、实验报告要求

1. 总结二端网络参数的测定方法。

2. 回答下列思考题：

（1）二端口网络的参数为什么与外加电压和电流无关？

（2）从测得的参数矩阵判别本实验研究的网络是否具有互易性。

3. 谈谈你对本次实验的体会。

第 二 部分 设计性实验

这部分实验所包含的内容与电路基础理论设计与应用有密切的联系，通过这些实验学生应当达到如下要求。

1. 促进学生对已掌握的基础理论知识进一步理解、深化和拓宽，从而有效地加深对学科体系的认知，充分发挥学生的主观能动性，使其透彻地理解电路原理和分析方法。

2. 设计性实验教学能有效地激发学生的学习兴趣，进一步调动学生学习积极性和主动性，更利于培养学生的团队协作能力、科研能力、独立思考的能力和创新意识。

3. 设计性实验教学能提高学生的综合素质，有利于培养学生学科知识的综合应用能力和统筹安排实验操作过程的能力，并学会如何简便快速、经济有效地完成实验。

4. 利于学生提高分析问题、解决问题的能力及纵向、横向思维能力；培养学生具备严谨的科学态度和务实工作作风。

因此，加强设计性实践教学环节，注重理论与实际的结合，强化工程实践训练，可进一步加强学生创新能力及综合能力的培养。

实验一　等 效 变 换

一、实验目的

1. 了解电源的伏安特性。

2. 掌握电压源、电流源等效替换的条件与方法。

3. 验证戴维南定理。

二、设计任务

1. 已知一个实际电压源，其电源空载电压为 14V，正常工作时提供 50mA 电流，此时电源电压 12V，试设计一个电流源，使负载能够正常工作。

2. 已知一含源（既有电压源，又有电流源）线性二端网络，将其等效为一个电压源，并用 Multisim 来仿真。

三、设计原理

为了简化电路的分析和计算，经常将电路中的某一部分用另一种电路来等效替换。等效替换前后，对其余部分电路来说，其电压与电流不变。通过电压源和电流源的等效替换，以及戴维南定理来加深对等效概念的理解，从而可以利用各种等效替换手段简化电路的分析与计算。

1. 有源二端网络开路电压的测量

（1）当有源二端网络输入端等效电阻 R_0 与电压表内阻相比可以忽略时，可以直接利用电压表测量其开路电压，这种方法称为直接测量法。

（2）当有源二端网络输入端等效电阻 R_0 与电压表内阻相比不可以忽略时，不宜用直接测量法，可采用补偿法。补偿法测试电路原理图如图 2-1-1 所示。

图 2-1-1　补偿法测开路电压

该方法是用一低内阻的稳压电源与被测的有源二端网络进行比较，当稳压电源的输出与有源二端网络的开路电压相等时，电压表的读数为零。断开电路，测量此时稳压电源的输出电压，即为被测有源二端网络的开路电压。此方法又称为"零示法"。

2. 电流源与电压源的等效变换

（1）按图 2-1-2 接线。图 2-1-2（a）电路中电流源的等效电路如图 2-1-2（b）所示。其中 I_s 为理想电流源电流；R_0 是外接电阻，作电源内阻；R_L 为可变电阻箱。图 2-1-2（b）中参数为参考值。

（2）测电流源的伏安特性。逐渐改变 R_L 的值，范围约为 0～2kΩ（间隔取 5 个点）。将不同 R_L 时的测量值 U_L 和 I_L 记入表 2-1-1 中。注意在整个过程应保持 I_s 值不变。

(a)　　　　　　　　　　　　　　　　(b)

图 2-1-2　电流源

表 2-1-1　　　　　　　　　　　　测电流源、电压源的伏安特性

项目						
电流源	I_L/mA					
	U_L/V					
电压源	I_L/mA					
	U_L/V					

（3）电源的等效变换。根据电压源和电流源等效变换的条件，将如图 2-1-2 所示的电流等效替换成如图 2-1-3 所示的等效电压源，其参数为 $U_S = I_S R_0$，电源内阻仍为 R_0。

（4）测量等效电压源的伏安特性。改变 R_L 的值，将不同 R_L 时的测量值 U_L 和 I_L 记录于表 2-1-2 中。

图 2-1-3　等效电压源

3. 验证戴维南定理

（1）按设计的实验电路连接，调好电源电压，并用万用表校核。

表 2-1-2　　　　　　　　　　测 ab 有源二端网络和等效电压源的外特性

项目	测　量　值					
有源二端网络 ab 端外特性	U_{ab} (V)					
	I_{ab} (mA)					
等效电压源外特性 $U_{ab0}=$、$R_0=$	U_{ab} (V)					
	I_{ab} (mA)					

（2）测定有源二端口网络 ab 端的外特性。调节负载电阻 R_L，在不同负载的情况下，测出相应负载端电压 U_{RL} 和流过负载的电流 I_{RL}，记录于表 2-1-2 中。数据中应包括 $R_L = 0$（I_{abSC}）的值，适当选好电流表量限。

（3）测量有源二端网络的入端等效电阻 R_0，记录于表 2-1-2 中。

图 2-1-4　等效电压源电路

（4）根据 b、c 中测得的 U_{ab0} 和 R_0 组成的有源二端网络等效电源电路，如图 1-1-4 所示。其中，$U_S = U_{ab0}$，为稳压电源的空载输出，R_0 用电阻箱代替。接入负载 R_L，改变 R_L

值，按步骤 b 的方法测出相应的负载电压和电流，记录于表 2-1-2 中。

四、预习与思考

1. 预习教材中与电流源、电压源相关的内容。

2. 电压源与电流源等效变换的条件是什么？

3. 理想电压源与理想电流源是否可以等效变换，为什么？

4. 若含源网络不允许短路或开路时，如何使用其他方法测出其等效内阻 R_0？

五、报告要求

1. 实验目的。

2. 设计要求。

3. 电路设计。

叙述工作原理，画出电路图，计算并确定元件参数。

4. 测试数据及分析：

（1）简述调试方式。

（2）记录测试数据。

（3）分析实验结果，得出相应结论。

5. 调试过程中所遇到的问题及解决方法。

6. 谈谈本次实验的体会。

六、实验设备及主要元器件

1. 直流稳压电源　　　　　　　1 台

2. 函数信号发生器　　　　　　1 台

3. 数字示波器　　　　　　　　1 台

4. 万用表　　　　　　　　　　1 块

5. 实验箱　　　　　　　　　　1 台

6. 元件见附录三（元件清单）

实验二 一阶网络响应特性的研究

一、实验目的

1. 研究一阶 RC 电路的零状态响应和零输入响应的基本规律和特点。

2. 理解时间常数 τ 对响应波形的影响。

3. 掌握有关积分电路和微分电路的概念。

二、设计任务

1. 设计一个 RC 充放电路，输入信号为恒定电压 $U_S = 5V$，要求时间常数 τ 在 $0.4 \sim 1s$ 之间，用示波器观察电容电压 U_c 的变化规律，分别记录零状态响应和零输入响应的波形。根据实验曲线的结果，分析电容充放电时电压变化的规律及电路参数对波形的影响。

2. 设计一个由 $U_m = 6V$，$f = 1kHz$ 脉冲信号激励的积分微分电路，要求积分电路的时间常数 $\tau \geqslant 10T$，微分电路的时间常数 $\tau \leqslant \dfrac{T}{10}$（$T$ 为脉冲信号的周期），分别记录 $U_R(t)$、$U_c(t)$ 的波形。当 f 和 C 保持不变时，改变 R（选择 $2 \sim 3$ 组不同的 R 值），观察波形的变化情况，分析时间常数对波形的影响。

三、设计原理

1. 所有储能元件初始值为零的电路对激励的响应为零状态响应，电路在无激励情况下，由储能元件的初始状态引起的响应称为零输入响应。

一阶 RC 电路零状态响应是一阶电路的动态元件初始储能为零时，由施加于电路的输入信号产生的响应。输入信号最简单的形式为阶跃电压或电流。一阶 RC 零状态响应电路响应曲线如图 2-2-1 所示，电容电压初始值为零，电容电压 u_C 是随时间按指数规律上升的，上升的速度取决于电路中的时间常数，当 $t = \tau$ 时，$u_C = 0.632U_S$；当 $t = 5\tau$ 时，$u_C = 0.993U_S$，一般认为已上升到 U_S 的值。对于 RC 电路有 $\tau = RC$。

图 2-2-1 一阶 RC 零状态响应电路响应曲线

2. 一阶 RC 电路零输入响应。一阶电路在没有输入信号激励时，由电路中的动态元件的初始储能产生的响应，称为零输入响应。一阶 RC 零输入响应电路响应曲线如图 2-2-2 所示，电容电压初始值为 U_0。电容电压 u_C 是随时间按指数规律衰减的。由计算可知，当 $t = \tau$ 时，$u_C = 0.368U_0$；当 $t = 5\tau$ 时，$u_C = 0.007U_0$，一般认为电容电压 U_0 已衰减到 0。

图 2-2-2 一阶 RC 零输入响应电路响应曲线

3. 微分电路和积分电路是 RC 一阶电路中较典型的电路，它对电路元件参数和输入信号的周期有特定的要求。

一个简单的 RC 串联电路，在方波序列脉冲的重复激励下，当满足 $\tau = RC \ll T/2$ 时（T 为方波脉冲的周期），且输出电压从电阻两端取出时，就构成了一个微分电路。它可将矩形脉冲波（或方波）信号变换成为尖脉冲波。当电路时间常数 τ 远于小于输入的矩形脉冲

宽度 T_0 时，则在脉冲作用的时间 T_0 内，电容器暂态过程相对于脉冲宽度来说可以很快结束，于是暂态电流或电阻上的输出电压就是一个正向尖脉冲，如图 2 - 2 - 3 所示。

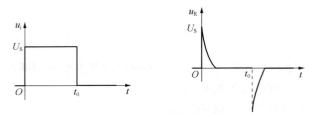

图 2 - 2 - 3　微分电路及输入输出波形

当矩形脉冲结束时，输入电压突变到零，电容器放电，放电电流在电阻上形成一负尖脉冲，因时间常数相同，所以正负尖脉冲波形相同。由于 $T_0 \gg RC$，所以相对脉冲宽度，暂时持续时间很短，电容电压波形接近输入脉冲宽度，故有

$$U_R(t) = R * i(t) = RC \frac{dU_C(t)}{dt} \approx RC \frac{dU_S(t)}{dt}$$

电路输出信号电压与输入信号电压的微分成正比，其输入输出波形如图 2 - 2 - 3 所示。由上述分析可知，一个 RC 串联分压电路要满足微分电路应有一定条件，通常应使脉冲宽度至少比时间常数大 5 倍以上，即

$$T_0 \geqslant 5RC$$

RC 越小，输出电压越接近输入电压的微分。

若将微分电路中的 R 与 C 对调一下，即输出电压从电容两端取出，且当电路参数的选择满足 $\tau = RC \gg T/2$ 时，就构成积分电路。它是将矩形变换成三角波的一种电路。最简单的积分电路也是一种 RC 串联分压电路，只是它的输出电压是电容两端电压 $U_C(t)$，而且电路的时间常数远大于脉冲持续时间 T_0，如图 2 - 2 - 4 所示。由于 $RC \gg T_0$，故电阻的电压接近输入电压，即

$$U_C(t) = \frac{1}{C} \int i(t) dt \approx \frac{1}{RC} \int U_S(t) dt$$

电路的输出信号电压与输入信号电压的积分成正比，其输入输出波形如图 2 - 2 - 4 所示。同样，一个 RC 串联分压电路要满足积分电路应有一定条件，通常应使时间常数至少比脉冲宽度大 5 倍以上，即

$$\tau = RC \geqslant 5T_0$$

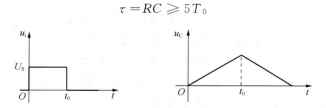

图 2 - 2 - 4　积分电路及输入输出波形

为了得到线性度好且具有一定幅度的三角波，需要掌握时间常数 τ 与输入脉冲宽度的关系。方波的脉冲宽度越小电路的时间常数 τ 越大，充放电越缓慢，所得三角波的线性越好，但幅度也随之下降。

四、报告要求

1. 实验目的。

2. 设计要求。

3. 电路设计：叙述工作原理并画出电路图，计算并确定元件参数（用 Multisim 软件进行仿真）。

4. 测试数据及分析：

（1）记录测试数据，并绘出所观察到的输出波形图。

（2）分析实验结果，得出相应结论。

5. 思考：

（1）根据实验观测结果，在方格纸上绘出 RC 一阶电路充放电时 U_C 的变化曲线，由曲线测得 τ 值，并与参数值的计算结果作比较，分析误差原因。

（2）已知 RC 一阶电路 $R=10\text{k}\Omega$，$C=0.01\mu\text{F}$，试计算时间常数 τ，并根据 τ 值的物理意义，拟定测定 τ 的方案。

（3）何谓积分电路和微分电路？它们必须具备什么条件？它们在方波序列脉冲的激励下，其输出信号波形的变化规律如何？这两种电路有何功用？

6. 谈谈本次实验的体会。

五、实验设备及主要元器件

1. 直流稳压电源　　　　　　　　1 台
2. 函数信号发生器　　　　　　　1 台
3. 数字示波器　　　　　　　　　1 台
4. 万用表　　　　　　　　　　　1 只
5. 实验箱　　　　　　　　　　　1 台
6. 元件见附录（元件清单）

<h1 style="text-align:center">实验三　谐　振　电　路</h1>

一、实验目的

1. 绘制不同品质因数电路的谐振曲线。
2. 研究电路参数对谐振特性的影响。
3. 学习测量交流电压和电流的方法。

二、设计任务

1. 设计一个 RLC 串联谐振电路，振荡频率为 1kHz。
2. 设计一个振荡电路，其中心频率为 1MHz，并用 Multisim 仿真。

三、设计原理

在 RLC 串联的交流电路中，当 $2\pi fL = 1/(2\pi fC)$ 时，电路的阻抗最小；在电压为定值时，电流最大；电路中电流与输入电压同相位，电路为纯电阻性，这种工作状态为谐振。

要满足 $2\pi fL = 1/(2\pi fC)$ 的条件，可改变 R、L、C 的值来实现。本实验是在 L、C、U 不变的条件下，通过改变电源频率 f，使电路达到谐振状态。谐振角频率为

$$\omega_0 = \frac{1}{LC}$$

谐振频率为

$$f_0 = \frac{1}{2\pi\sqrt{LC}}$$

（1）电路谐振时的特性。

a. 谐振时电路呈现纯阻性，电流与电源电压同相位。由于此时电路阻抗最小，所以在电源电压有效值一定时，电流最大。则

$$\dot{I}_0 = \frac{\dot{U}_\mathrm{S}}{R}$$

b. 谐振时电感电压和电容电压相等，均为外加电源电压 Q 倍，相位相差 180°。

$$\dot{U}_{\mathrm{R}_0} = \dot{U}_\mathrm{S} \qquad \dot{U}_{\mathrm{L}_0} = jQ\dot{U}_\mathrm{S} \qquad \dot{U}_{\mathrm{C}_0} = -jQ\dot{U}_\mathrm{S}$$

$$Q = \frac{U_\mathrm{L}}{U_\mathrm{S}} = \frac{U_\mathrm{C}}{U_\mathrm{S}} = \frac{\omega_0 L}{R} = \frac{1/\omega_0 C}{R} = \frac{\sqrt{L/C}}{R}$$

特性阻抗

$$\rho = \omega_0 L = \frac{1}{\omega_0 C} = \sqrt{\frac{L}{C}}$$

在 L、C 为定值的前提下，Q 值仅决定于回路总电阻。

（2）在串联谐振电路中，回路的电流响应与频率的关系称为电流的幅频特性，即

$$I(\tilde{\omega}) = \frac{U_\mathrm{S}}{\sqrt{R^2 + \left(\omega L - \dfrac{1}{\omega C}\right)^2}} = \frac{U_\mathrm{S}}{R} \frac{1}{\sqrt{1 + Q^2\left(\dfrac{\omega}{\omega_0} - \dfrac{\omega_0}{\omega}\right)^2}}$$

式中，$\dfrac{U_\mathrm{S}}{R} = I_0$ 即为谐振时的电流。

谐振曲线的形状与电路品质因数 Q 有密切的关系

$$Q=\frac{U_{\mathrm{L}}}{U_{\mathrm{s}}}=\frac{U_{\mathrm{C}}}{U_{\mathrm{s}}}=\frac{\omega L}{R}=\frac{\sqrt{L/C}}{R}$$

在 L、C 值已定的情况下，变化 R 的大小，可以改变 Q 值。Q 值越大，选择性越好，曲线形状越尖，电路如图 2-3-1 所示。

为反映一般情况，通常研究电流比 I/I_0 与角频率比 ω/ω_0 之间的函数关系，即所谓通用谐振曲线，其表达式为

$$\frac{I}{I_0}=\frac{1}{\sqrt{1+Q^2\left(\dfrac{\omega}{\omega_0}-\dfrac{\omega_0}{\omega}\right)^2}}$$

如图 2-3-2 所示画出了不同 Q 值下通用谐振曲线。

图 2-3-1 电流曲线

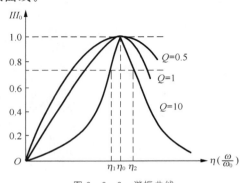

图 2-3-2 谐振曲线

从图中可以看出：Q 值越高，曲线越尖。当 ω/ω_0 稍偏离 1（即 ω 偏离 ω_0），I/I_0 就急剧下降，表明电路对非谐振信号有较强的抑制能力，电路的选择性好；Q 值越低，曲线顶部越平坦，选择性就越差。则

$$\frac{I}{I_0}=\frac{1}{\sqrt{2}}=0.707$$

在通用谐振曲线上 0.707 处作平行于 η 轴的直线，该直线与曲线交于两点，它们的横坐标分别为 η_1、η_2，η_1、η_2 之间的宽度称为带宽，又称通频带，它决定于谐振电路允许通过信号的频率范围。Q 值除用前面介绍的公式计算外，也可以从曲线上求得，即

$$Q=\frac{1}{\eta_2-\eta_1}$$

（3）谐振时相频特性和幅频特性如图 2-3-3 和 2-3-4 所示。

图 2-3-3 相频特性

图 2-3-4 幅频特性

四、报告要求

1. 实验目的及设计要求。
2. 电路设计、元件参数计算。
3. 测试数据记录及分析结论。
4. 回答下列思考题：
（1）谐振的条件是什么？
（2）谐振的频率如何计算？
（3）当输入频率从零到无穷变化时，输出的相位如何变化？
（4）试分析设计值与实际测量结果之间误差产生的原因。

实验四　交流电路参数的测量

一、实验目的

1. 学会用交流电桥法测量元件的参数，加深对电桥原理的理解及桥路构成原则的认识。
2. 学习交流电桥的调节方法。

二、设计任务

1. 设计一个电子电路，用来测量一个电容的容量，被测电容为零点几微法，误差不超过 10%，设计过程用 Multisim 来仿真。

2. 设计一个电子电路，用来测量一个电感的容量，被测电容为零点几毫亨，误差不超过 10%，设计过程用 Multisim 来仿真。

三、设计原理

电桥法是比较测量法，将待测元件与标准元件或高精度的电容与电阻相比较，测量灵敏度、精度较高，可以获得多位有效数字的测量结果，广泛使用于测量音频范围内的电路参数。

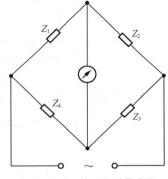

图 2 - 4 - 1 是交流电桥平衡的原理电路。交流电桥由 4 个桥臂、交流电源及示零仪器三部分组成。当调节桥臂参数，使交流示零器中无电流通过时，电桥处于平衡状态。其平衡条件为

$$Z_1 \cdot Z_3 = Z_2 \cdot Z_4$$

设 4 个臂的复阻抗为

$$Z_1 = Z_1 \underline{/\varphi_1} \qquad Z_2 = Z_2 \underline{/\varphi_2}$$
$$Z_3 = Z_3 \underline{/\varphi_3} \qquad Z_4 = Z_4 \underline{/\varphi_4}$$

图 2 - 4 - 1　交流电桥原理图

则

$$Z_1 \cdot Z_3 \underline{/\varphi_1 + \varphi_3} = Z_2 \cdot Z_4 \underline{/\varphi_2 + \varphi_4}$$

根据复数相等条件，有

$$|Z_1 \cdot Z_3| = |Z_2 \cdot Z_4|$$
$$\varphi_1 + \varphi_3 = \varphi_2 + \varphi_4$$

由上式可以看出，交流电桥平衡的条件是复阻抗的幅值和相位分别相等。当被测元件 Z_1 为电容时，Z_2、Z_3 两个桥臂选为电阻时，则 Z_1、Z_4 两个桥臂阻抗性质必须相同，即 Z_4 也必须为容性。

（1）串联电容电桥。适于测量损耗较小的电容，测量线路如图 2 - 4 - 2 所示。

电桥平衡时，则

$$\left(R_x + \frac{1}{\mathrm{j}\omega C_x}\right) \cdot R_4 = \left(R_s + \frac{1}{\mathrm{j}\omega C_s}\right) \cdot R_2$$

$$R_x = \frac{R_2}{R_4} \cdot R_s$$

$$C_x = \frac{R_4}{R_2} \cdot C_s$$

$$\tan \delta = \omega C_s R_s$$

通常，C_s、R_s 为可调元件。

（2）麦克斯韦电感电桥。适于测量低品质因数的电感，测量线路如图 2-4-3 所示。

图 2-4-2　串联电容电桥

图 2-4-3　麦克斯韦电感电桥

电桥平衡时，则

$$(R_x + j\omega L_x) \cdot \left(\frac{R_s}{1 + j\omega C_s R_s} \right) = R_2 \cdot R_3$$

$$L_x = R_2 R_3 C_s$$

$$Q_x = \omega C_s R_s$$

通常，C_s、R_s 为可调元件。

（3）电桥调节的基本方法。

a. 粗略估计所测元件的数值范围，根据平衡方程将各桥臂旋钮预置在适当的位置上，不要无目的地旋动旋钮。

b. 由于电桥有 4 个桥臂，在一对对角线上加电源，另一对对角线上加毫伏表，因要求信号源不接地，称为不接地的输出连线。接通信号源后，频率选择为 1 000Hz，信号的幅度不要太大，桥路连接后旋动信号源的输出幅度旋钮，使毫伏表的指示在 3V 左右。

根据平衡条件，调节可调元件，常用标准电容箱与高精度电阻箱作为可调元件，先调高位后调低位，逐级交错进行，使毫伏表指示不断下降，并及时改变量限，直至毫伏表指示 10mV 左右，说明桥路已接近平衡。调节过程中毫伏表指针变化很大，应注意观察毫伏表指针的变化，随时改变毫伏表的量限，不允许毫伏表长时间过量限显示。当电桥逐步接近平衡时，毫伏表的读数也逐渐减小，此时应增大信号源的输出，再进行调节。

c. 判断电桥平衡的简单方法。调节平衡后，改变信号源的输出幅度，若毫伏表指针不变化，则说明电桥真正平衡。若毫伏表指针随信号源幅度变化，说明电桥还没有完全平衡，这时应细调可调元件低位旋钮，直至完全平衡。

四、设计思考

1. 在电桥调节过程中，开始时要求信号源输出较小，而后逐步增大，为什么？

2. 在选取桥臂电阻时，要注意哪些问题？

3. 试列举其他测量方法，并和电桥法比较。

五、报告要求

1. 实验目的。

2. 设计要求。

3. 电路设计。

叙述工作原理，画出电路图，计算并确定元件参数。

4. 测试数据及分析：

（1）简述调试方式。

（2）记录测试数据。

（3）分析实验结果，得出相应结论。

5. 叙述测试过程中所遇到的问题及解决方法。

6. 谈谈本次实验的体会。

六、实验设备及主要元器件

1. 直流稳压电源   1台

2. 函数信号发生器   1台

3. 数字示波器   1台

4. 万用表   1块

5. 实验箱   1台

6. 元件见附录三（元件清单）

实验五　RC 选频网络特性研究

一、实验目的

1. 熟悉常用 RC 选频网络的结构特点和应用。
2. 学会用交流毫伏表和示波器测定文氏电桥电路的幅频特性与相频特性。
3. 学习网络频率特性的测试方法。

二、设计任务

设计一个 RC 选频网络，其中心频率 $\omega_0 = 10^4 \, \text{rad/s}$，输入信号为 $U_i = 3\text{V}$（有效值）正弦信号。要求：

1. 设计 RC 选频网络的传递函数，推导传递函数的模和幅角，并分析当输入信号的频率等于中心频率时，传递函数的模和幅角会如何变化？

2. 设计估算 R 和 C 参数满足 RC 选频网络的中心频率，并考虑如何用实验方法找出中心频率。将测得的 f_0 及 f_0 处的 $\dfrac{U_o}{U_i}$ 值与理论值比较，从实验角度分析产生误差原因。

3. 绘制网络的幅频特性曲线和相频特性曲线。

4. 以实验结果说明 RC 选频网络的特点。

三、设计原理

文氏电桥电路是一个 RC 的串、并联电路，该电路结构简单，被广泛应用于低频振荡电路中作为选频环节，可以获得很高纯度的正弦波电压。

文氏电桥电路通常称为带通网络或选频网络，对某一窄带频率的信号具有选频作用，即允许以某一频率为中心的一定频率范围（频带）内的信号通过（该频率称为中心频率），而衰减或抑制其他频率的信号，信号频率偏离中心频率越远，信号被衰减和阻塞越厉害。

用信号发生器的正弦输出信号作为激励信号 $\dot{U}_i$，在保持 U_i 值不变的情况下，改变输入信号的频率 f，用交流毫伏表测出输出端相应于各个频率点下的输出电压 U_o（有效值），将这些数据画在以频率 f 为横轴，U_o 为纵轴的坐标纸上，用一条光滑的曲线连接这些点，该曲线就是文氏电桥电路的幅频特性曲线。

图 2-5-1　幅频特性

文氏电桥电路幅频特性曲线的特点是其输出电压的幅度不仅会随输入信号的频率而变，而且还会出现一个与输入电压同相位的最大值，如图 2-5-1 所示。

将文氏电桥电路的输入和输出分别接到双踪示波器的 Y1 和 Y2 两个输入端，改变输入正弦信号的频率，观测相应的输入和输出波形间的延时 τ 及信号的周期 T，则两波形间的相位差为

$$\varphi = \frac{\tau}{t} \times 360° = \varphi_o - \varphi_i \text{（输出相位和输入相位之差）}$$

将各个不同频率下的相位差 φ 画在以 f 为横轴、φ 为纵轴的坐标纸上，用光滑的曲线将

这些点连接起来，即是文氏电桥电路的相频特性曲线，如图 2-5-2 所示。

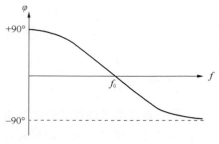

图 2-5-2　相频特性

该 RC 选频网络具有带通特性，当 $f > f_0$，U_o 滞后于 U_i；当 $f < f_0$，U_o 超前于 U_i。

四、注意事项

1. 每次测量频率特性时，必须先测出中心频率，然后在两侧依次选取其他频率的测试点。

2. 测试过程中，当改变函数信号发生器的频率时，其输出电压有时将发生变化，因此测试时，需用毫伏表监测函数信号发生器的输出电压，使其保持不变。

3. 测量相频特性时，双迹法测量误差较大，操作、读数应力求仔细、合理。要调节好示波器的聚焦，使线条清晰，以减小读数误差。

五、报告要求

1. 实验目的。

2. 设计要求。

3. 电路设计：叙述工作原理，画出电路图，计算并确定元件参数（用 Multisim 软件进行仿真）。

4. 测试数据及分析：

（1）简述调试方式。

（2）记录测试数据，并绘出所观察到的输出波形图。

（3）分析实验结果，得出相应结论。

5. 叙述测试过程中所遇到的问题及解决方法。

6. 谈谈本次实验的体会。

六、实验设备及主要元器件

1. 直流稳压电源　　　　　　　1 台
2. 函数信号发生器　　　　　　1 台
3. 数字示波器　　　　　　　　1 台
4. 万用表　　　　　　　　　　1 块
5. 实验箱　　　　　　　　　　1 台
6. 元件见附录（元件清单）

实验六　移相电路设计与测试

一、实验目的

1. 掌握移相电路的设计与测试方法。
2. 加深对"移相"概念的理解，了解移相器的用途。

二、设计任务

设计一移相电路，移相器输入电压的幅度在 0～1V 选择，频率为 2kHz。要求如下。

1. 要求移相器的输出电压的幅度不变或衰减在 50％ 之内，输出电压对于输入电压的移相在 5°～180° 连续可调。设计完成后，进行安装并调试其性能看是否满足规定要求。

2. 以实验结果说明移相电路的特点。

三、设计原理

当图 2 - 6 - 1 所示电路处于稳态，其输入激励与输出响应的关系可用网络的传递函数来表示，即

图 2 - 6 - 1　网络传递函数模型

$$H(j\omega) = \frac{\dot{U}_2}{\dot{U}_1} = |H(j\omega)| e^{j\varphi(\omega)} \qquad (2 - 6 - 1)$$

显然 $H(j\omega)$ 是 ω 频率的函数，称为网络的频率响应函数或电路的频率特性。

$H(j\omega)$ 反映电路本身结构和元件参数，与激励无关。传递函数的模 $|H(j\omega)|$ 是电路响应与输入激励的幅值之比，称为网络的幅频特性；幅角 $\varphi(\omega)$ 代表电路响应超前或滞后输入的相位角，称为网络的相频特性。

下面将分析几种常见的 RLC 和 RC 正弦稳态电路的相频特性，求出其输出与输入信号的相位关系。对于一个 RLC 串联电路，其相量模型如图 2 - 6 - 2 所示。

图 2 - 6 - 2　RLC 串联电路相量模型

如果 $\dot{U}$ 为激励相量，$\dot{I}$ 为响应相量，则这个 RLC 的频率响应函数为

$$H(j\omega) = \frac{\dot{U}}{\dot{I}} = \frac{1}{R + j\omega L + \dfrac{1}{j\omega L}} = \frac{1}{\sqrt{R^2 + \left(\omega L - \dfrac{1}{\omega C}\right)^2}} \underline{\left/ -\arctan \dfrac{\omega L - \dfrac{1}{\omega C}}{R}\right.} \qquad (2 - 6 - 2)$$

因此，相频特性为

$$\varphi(\omega) = \arctan \frac{\omega L - \dfrac{1}{\omega C}}{R} \qquad (2 - 6 - 3)$$

可见：当 $\omega L > \dfrac{1}{\omega C}$ 时，说明电流滞后于电压。

当 $\omega L < \dfrac{1}{\omega C}$ 时，说明电流超前于电压。

当 $\omega L = \dfrac{1}{\omega C}$ 时，说明电流与电压同相，相位差为零。

由此可见，该电流的相频特性是随着 ω 从 0 变到 ∞，φ（ω）将从 $-90°$ 变到 $+90°$，其相频特性曲线如图 2-6-3 所示。

图 2-6-3　RLC 相频特性曲线

图 2-6-4　RC 串联电路相量模型

对于一个 RC 串联电路，如果 $\dot{U}_1$ 为激励相量，$\dot{U}_2$ 为响应相量，其相量模型如图 2-6-4 所示。这个 RC 的频率响应函数为

$$H(\mathrm{j}\omega) = \frac{\dot{U}_2}{\dot{U}_1} = \frac{1}{1+\mathrm{j}\omega CR} = \frac{1}{\sqrt{1+(\omega CR)^2}}\mathrm{e}^{-\mathrm{j}\arctan\omega CR} \qquad (2-6-4)$$

因此，相频特性为

$$\varphi(\omega) = -\arctan\omega CR \qquad (2-6-5)$$

由于幅角始终小于 0，说明响应电压始终滞后于激励电压。相频特性如图 2-6-5 所示，当 ω 从 0 变到 ∞，φ（ω）将从 $0°$ 变到 $-90°$；当 $\omega=\omega_0$ 时，该网络移相 $-45°$。

图 2-6-6 是由 RC 组成的 X 型移相网络，如果 $\dot{U}_1$ 为激励相量，$\dot{U}_2$ 为响应相量，其相量模型如图 2-6-6 所示。

图 2-6-5　RC 相频特性曲线

图 2-6-6　X 型移相网络

由图 2-6-6 可得到

$$\dot{U}_2 = \frac{1}{2}\dot{U}_1 - \frac{\dfrac{1}{\mathrm{j}\omega C}}{R_{\mathrm{X}}+\dfrac{1}{\mathrm{j}\omega C}}\dot{U}_1 = \left(\frac{1}{2}\frac{\omega CR_{\mathrm{X}}+\mathrm{j}}{\omega CR_{\mathrm{X}}+\mathrm{j}}\right)\dot{U}_1 \qquad (2-6-6)$$

频率特性为

$$H(\mathrm{j}\omega) = \frac{\dot{U}_2}{\dot{U}_1} = \frac{1}{2}\frac{\omega CR_{\mathrm{X}}+\mathrm{j}}{\omega CR_{\mathrm{X}}+\mathrm{j}} \qquad (2-6-7)$$

幅频特性为

$$|H(\mathrm{j}\omega)| = \frac{1}{2} \text{是个常数,不随频率变化}$$

相频特性为

$$\varphi(\omega) = 2\arctan\frac{1}{\omega C R_{\mathrm{X}}} \tag{2-6-8}$$

可见，当 ω 从 0 变到 ∞，$\varphi(\omega)$ 将从 $180°$ 变到 $0°$。同时也可调节电位器 R_{X}，使相位差发生变化。

四、注意事项

1. 测试过程中，当改变函数信号发生器的频率时，其输出电压有时会发生变化，因此，测试时，需用毫伏表监测函数信号发生器的输出电压，使其保持不变。

2. 测量相频特性时，双迹法测量误差较大，操作、读数应力求仔细、合理。要调节好示波器的聚焦，使线条清晰，以减小读数误差。

五、报告要求

1. 实验目的。

2. 设计要求。

3. 电路设计：叙述工作原理，画出电路图，计算并确定元件参数（用 Multisim 软件进行仿真）。

4. 测试数据及分析：

（1）简述调试方式。

（2）记录测试数据，并绘出所观察到的输出波形图。

（3）分析实验结果，得出相应结论。

5. 叙述测试过程中所遇到的问题及解决方法。

6. 谈谈本次实验的体会。

六、实验设备及主要元器件

1. 直流稳压电源　　　　　　　　　　1 台
2. 函数信号发生器　　　　　　　　　1 台
3. 数字示波器　　　　　　　　　　　1 台
4. 万用表　　　　　　　　　　　　　1 块
5. 实验箱　　　　　　　　　　　　　1 台
6. 元件见附录三（元件清单）

第 三 部分 Multisim电路仿真实验

　　仿真实验是现代实验的一种手段，它是利用计算机软件中元件库、仪器库等实现实验接线或电路设计及电路测试。低年级学生利用它既可以复习理论，又可以预习实验。用计算机仿真实验不仅可节约时间，而且可避免元件的损坏。还可在不同的环境下仿真实验，例如在阅览室或宿舍或计算机房等，实验器材和仪器也不受老师的限制。

　　因此，学生应该掌握利用计算机做实验。这里，值得一提的是仿真实验不能完全代替实际实验操作。

　　Multisim 是近年来比较流行的仿真软件之一，它在计算机上虚拟出一个元件、设备齐全的硬件工作台，采用它进行辅助教学，可以加深学生对电路结构、原理的认识与理解，训练学生熟练使用仪器和正确的测量方法。由于 Multisim 软件是基于 Windows 操作环境，要用的元器件、仪器等，所见即所得，只要用鼠标点击，随时可以取来，完成参数设置，组成电路，启动运行，分析和测试。本部分利用 Multisim 仿真软件对相关电路进行仿真实验和性能测试，注意通过软件仿真加深对电路原理的认识和理解，实际中要考虑元器件的非理想化、引线及分布参数的影响。

一、Multisim 10.0 软件的特点

　　Multisim 10.0 软件包是加拿大 IIT 公司在推出 EWB5.0 的基础上再次推出的一款更新、更高版本的电路设计与仿真软件，拥有丰富的仿真手段和强大的分析功能，它不仅可以对直流电路、交流稳态电路、暂态电路进行仿真，也可以对模拟、数字和混合电路进行电路的性能仿真和分析。Multisim 软件提供了多种交互式元件，使用者可以通过键盘简单地改变交互式元件的参数，并应用虚拟仪器得到相应的仿真结果。

　　Multisim 10.0 具有以下特点。

　　(1) 全面集成化的设计环境，完成从原理设计图设计输入/输出，电路仿真到电路功能测试等工作。

　　(2) 图形工作界面友好、易学、易用、操作方便。采用直观的图形界面创建电路，在计算机屏幕上模拟仿真实验室工作平台，绘制电路图需要的元器件，电路仿真需要的测试仪器均可直接从屏幕上选取。

　　(3) 丰富的元件库，从无源器件到有源器件，从模拟器件到数字器件，从分立元件到集成电路，还有微机接口元件、射频元件等。

（4）虚拟电子设备齐全，有示波器、万用表、函数发生器、频谱仪、失真度仪和逻辑分析仪等。这些仪器和实物外形非常相似，输出格式保存方便。

（5）电路分析手段完备。除了可以用多种常用测试仪表（如示波器、数字万用表等）对电路进行测试以外，还提供全面的电路分析方法，既有常规的交、直流分析，瞬态分析，失真分析，又有灵敏度分析、噪声指数分析、傅里叶分析等高级分析工具，尤其是蒙特卡罗分析，考虑元件参数的分散性，对电路性能的分析更加接近实际电路。

（6）提供多种输入/输出接口。仿真软件可以输入有 PSpice 等其他电路仿真软件所创建的 Spice 图表文件，并自动生成相应的电路原理图，也可以把 Multisim 环境下创建的电路原理图输出给 Protel 等常见的印制电路软件印制电路 PCB 设计。

二、虚拟电路创建

1. 器件操作

（1）元件选用：单击 Place 出现下拉菜单，在菜单中单击 Component，移动鼠标到需要的元件图标上，选中元件，单击"确定"按钮，将元件拖曳到工作区。

（2）元件的移动：选中后用鼠标拖曳或按 ↑ ← ↓ → 确定位置。

（3）元件的旋转：选中后顺时针旋转按 ［Ctrl＋R］组合键，逆时针旋转按 ［Ctrl＋Shift＋R］组合键。元件的复制：选中后单击 Copy，元件粘贴：Paste，元件删除：选中后按 Delete 键。

（4）在元件选用中就要确定好元件参数，Multisim 中元件型号是美国、欧洲、日本等国型号，注意同我国元件互换关系，注意频率的适用范围。

2. 导线的操作

（1）连接：鼠标指向一个元件的端点，出现十字小圆点，按鼠标左键并拖曳导线到另一个元件的端点，出现小红点后单击鼠标左键。

（2）删除导线：将鼠标箭头指向要选中的导线，单击鼠标左键，出现选中导线的多个小方块，按 Delete 键将选中导线删除。

三、虚拟元件库中的常用元件

如图 3-0-1 所示为虚拟元件库中的常用元件。

图 3-0-1　虚拟元件库中的常用元件

四、虚拟仪器使用

通过实例介绍主要仪器的使用。

（1）Multisim10.0 界面主窗口如图 3-0-2 所示。

从左至右，分别是数字万用表（Multimeter）、函数信号发生器（Function Generator）、功率表（Wattmeter）、示波器（Oscilloscope）、4 通道示波器（4 Channel Oscilloscope）、波特图示仪（Bode Plotter）、频率计数器（Frequency Counter）、字信号发生器（Word

主菜单

万用表
失真分析
函数发生器
功率表
示波器
频率计
四踪示波器
波特图示仪

图 3-0-2 Multisim 菜单栏

Generator)、逻辑分析仪（Logic Analyzer）、逻辑转换仪（Logic Converter）、IV 分析仪（IV—Analysis）、失真分析仪（Distortion Analyzer）、频谱分析仪（Spectrum Analyzer）、网络分析仪（Network Analyzer）、Agilent 函数发生器（Agilent Function Generator）、Agilent 数字万用表（Agilent Multimeter）、Agilent 示波器（Agilent Oscilloscope）、Tektronix 示波器（Tektronix Oscilloscope）和节点测量表（Measurement probe）等。

（2）用万用表测量直、交流电压分别如图 3-0-3、图 3-0-4 所示。

图 3-0-3 万用表测量直流电压　　　　　图 3-0-4 万用表测量交流电压

（3）用示波器测量函数信号发生器输出波形。

①函数信号发生器如图 3-0-5 所示。

（a）函数信号发生器图标　　（b）函数信号发生器面板

图 3-0-5 函数信号发生器图标和面板

如图 3 - 0 - 5（b）所示，函数信号发生器面板上面的 3 个波形（正弦波、三角波、方波）选择按钮，用于选择仪器产生波形的类型。中间的几个选项窗口，分别用于选择产生信号的频率（1Hz～999MHz）、占空比（1%～99%）、信号幅度（1μV～999kV）和设置直流偏置电压（－999～999kV）。面板下部 3 个接线端，通常 COM 端连接电路的参考地点，"＋"为正波形端，"－"为负波形端。

②示波器如图 3 - 0 - 6 所示。

示波器有 4 个连接端：A 通道接线端、B 通道接线端、G 接地端和 T 外触发端。示波器的面板按照功能不同分为 6 个区：时基设置、触发方式设置、A 通道设置、B 通道设置、测试数据显示及波形显示。

图 3 - 0 - 6　信号发生器和示波器实测显示

使用示波器时，A 通道接线端和 B 通道接线端分别与电路的测试点相连接，G 接地端与电路的地相接，若当电路中有接地符号，也可不接。

示波器面板设置及操作如下。

a. Timebase 区：用来设置 X 轴方向时间基线扫描时间。

Scale：选择 X 轴方向每一个刻度代表的时间。

X position：用于设置 X 轴方向时间基线的起始位置。

Y/T：表示 Y 轴方向显示 A、B 通道的输入信号，X 轴方向显示时间基线。

B/A：表示将 A 通道信号作为 X 轴扫描信号，将 B 通道信号施加在 Y 轴上。

A/B：与 B/A 相反。以上这两种方式可用于观察李莎育图形。

ADD：表示 X 轴按设置时间进行扫描，而 Y 轴方向显示 A、B 通道的输入信号之和。

b. Channel A 区：用来设置 Y 轴方向 A 通道输入信号的标度。

Scale：设置 Y 轴方向对 A 通道输入信号而言每格所表示的电压数值。

Y position：用于设置时间基线在屏幕中的上下位置。

AC：表示屏幕仅显示输入信号中的交变分量。

DC：表示屏幕将信号的交、直流分量全部显示。

0：表示将输入信号对地短路。

c. Channel A 区：用来设置 Y 轴方向 B 通道输入信号的标度。

d. Trigger 区：用来设置示波器的触发方式。

Edge：表示将输入信号的上升沿或下跳沿作为触发信号。

Level：用于选择触发电平的大小。

Sing：选择单脉冲触发。

Nor：选择一般脉冲触发。

Auto：表示触发信号不依赖外部信号。一般情况下使用此方式。

A 或 B：用 A 通道或 B 通道的输入信号作为同步 X 轴时基扫描的触发信号。

Ext：用外触发端的 T 连接的信号作为触发信号来同步 X 轴时基扫描。

e. 波形显示区：用来显示被测量的波形。信号波形的颜色可以通过设置 A、B 通道连接导线的颜色来改变，方法是快速双击连接导线，在弹出的对话框中设置导线颜色即可。

同时，屏幕的背景颜色可以通过单击展开面板右下方的 Reverse 按钮，即可改变屏幕背景的颜色。如果要恢复屏幕背景为原色，再次单击 Reverse 按钮。

移动波形：在动态显示时，单击暂停按钮或按 F6 键，均可通过改变 X position 设置，从而左右移动波形，利用指针拖动显示屏幕下沿的滚动条也可以左右移动波形。

测量波形参数：在屏幕上有两条可以移动的读数指针，指针上方有三角形标志，按鼠标左键可拖动读数指针左右移动。为了测量方便准确，单击 Pause 或按 F6 键使波形冻结，然后进行测量。

f. 测量数据的显示区：用来显示读数指针测量的数据。

在显示屏幕下方有 3 个测量数据的显示区。左侧数据区表示 1 号读数指针所测信号波形的数据。T1 表示 1 号读数指针离开屏幕最左端（时基线零点）所对应的时间，时间单位取决于 Timebase 所设置的时间单位；VA1、VB1 分别表示 1 号读数指针测得的通道 A、通道 B 的信号幅度值，其值为电路中测量点的实际值，与 X、Y 轴的 Scale 设置值无关。

中间数据区表示 2 号读数指针所在位置测得的数据。T2 表示 2 号读数指针离开时基线零点所对应的时间；VA2、VB2 分别表示 2 号读数指针测得的通道 A、通道 B 的信号幅度值。

右侧数据区中，T2－T1 表示 2 号读数指针所在位置与 1 号读数指针所在位置的时间差值，可用来测量信号的周期、脉冲信号的宽度、上升时间及下降时间等参数。VA2－VA1

表示 A 通道信号两次测量值之差，VB2－VB1 表示 B 通道信号两次测量值之差。

存储数据：对于读数指针测量的数据，单击展开面板右下方 Save 按钮即可将其存储，数据存储格式为 ASCII 码格式。

例：双踪示波器测量 AM、FM 信号。

如图 3 - 0 - 7 所示。

图 3 - 0 - 7　双踪示波器测量 AM、FM 信号波形图

（4）瓦特表。瓦特表（Wattmeter）用来测量电路的交、直流功率，其图标和仪器面板如图 3 - 0 - 8 所示。

瓦特表左边两个端子为电压输入端子，与所要测量并联；右边两个端子为电流输入端子，与所在测量电路串联。Power Factor 框内，将显示功率因数，数值为 0～1。

（a）瓦特表图标　　　　　（b）瓦特表面板

图 3 - 0 - 8　瓦特表图标和面板

（5）测量串联谐振电路的幅频特性及－3dB 带宽。

波特图示仪的图标和面板如图 3 - 0 - 9 所示。

（a）波特图示仪图标　　　　　　　（b）波特图示仪图板

图 3 - 0 - 9　波特图示仪图标和面板

①右上排按钮功能如下。

Magnitude：选择左边显示屏里展示幅频特性曲线。

Phase：选择左边显示屏里展示相频特性曲线。

Save：以 BOD 格式保存测量结果。

Set：设置扫描的分辨率。

②Vertical 区：设定 Y 轴的刻度类型。

测量幅频特性时，若单击 Log（对数）按钮后，Y 轴刻度的单位是 dB（分贝），标尺刻度为 $20\mathrm{Log}A\,(f)\,$ dB，其中 $A\,(f)\,=V_{\circ}\,(f)\,/V_{\mathrm{i}}\,(f)$；当单击 Lin（线性）按钮后，Y 轴是线性刻度。

测量相频特性时，Y 轴坐标表示相位，单位是度，刻度是线性的。

该区下面的 F 栏用来设置最终值，而 I 栏则用来设置初始值。需要指出的是，若被测电路是无源网络（谐振电路除外），由于 $A\,(f)\,$ 的最大值为 1，所以 Y 轴坐标的最终值设置为 0dB，初始值设为负值。对于含有放大环节的网络（电路），$A\,(f)\,$ 值可能大于 1，最终值设为正值（+dB）为宜。

③Horizontal 区：确定波特图示仪显示的 X 轴的频率范围。

若选用单击 Log（对数）按钮后，则标尺用 $\mathrm{Log}f$ 表示；当选用单击 Lin（线性）按钮后，即坐标标尺是线性的。当测量信号的频率范围较宽时，用 Log 标尺为宜。I 和 F 分别是 Initial（初始值）和 Final（最终值）的缩写。

④测量读数：用鼠标拖动（或单击读数指针移动按钮）读数指针，可测量某个频率点处的幅值或相位，其读数在面板右下方显示。

由于波特图图示仪没有信号源，所以在使用时，必须在电路输入端口示意性地介入一个交流信号源（或函数信号发生器），且无须对其参数进行设置。

例：图 3-0-10 为串联谐振电路的幅频特性测量电路，理论计算值：谐振频率 $f_0=1.594\mathrm{kHz}$，频带宽度 8.68kHz。

图 3-0-11 为测量串联谐振电路的谐振频率：移动读数条到谐振曲线的最高点（20lg1＝0dB），此时对应频率为 1.572kHz，有一些误差。

图 3-0-10　串联谐振电路的幅频特性测量电路

图 3-0-11　测量串联谐振电路的谐振频率测量图

　　图 3 - 0 - 12 为串联谐振电路的上限频率测量图，可见在 20lg 0.707 ＝ －3.012dB，此时对应的频率为 8.957kHz，这个频率近似为上边界频率。

图 3 - 0 - 12　串联谐振电路的上限频率测量图

　　图 3 - 0 - 13 为串联谐振电路的上限频率测量图，在 20lg0.707 ＝ －3.012dB 时，对应的频率为 275.935Hz，这个频率近似为下边界频率。频带宽度为 10.71 － 2.28 ＝ 8.4kHz。

图 3 - 0 - 13　串联谐振电路的上限频率测量图

实验一 元件伏安特性的测试

1. 测定线性电阻的伏安特性

（1）取元件。

①元件由基本元件列中取出，如电阻 R 均可按 ⚏ 取之；

②电池及接地符号取自电源元件列，可按 ⊹ 取之；

③电压表、电流表取自指示元件列，可按 ⚏ 取之；

在元件列中，有些按钮可以自定义值，如电阻 ⚏ 。

（2）具体操作。

如图 3－1－1（a）接好电路，双击电压表，电流表符号，得到数据，改变电源的值，再次获得相关数值。（＊改变电压源值的方法：双击电压符号，在 Voltage 中改变电源值。）将数据记录于表 3－1－11 中。

（a） （b）

图 3－1－1 元件伏安特性测量

表 3－1－1

I ＼ U	0V	2V	4V	6V	8V	10V
100Ω						
2kΩ						

2. 测定理想电压源的伏安特性

（1）取元件。

（2）具体操作。

按图 3－1－2（a）接好电路，双击电压表，电流表符号，得到数据，改变负载的值，再次获得数据，将数据记录于表 3－1－2 中。

3. 测定实际电压源的伏安特性

（1）取元件。

（2）具体操作。

如图 3－1－3（a）接好电路，双击电压表，电流表符号，得到数据，改变负载得到相关数据。将数据记录于表 3－1－3 中。

图 3 - 1 - 2　理想电压源伏安特性测量

表 3 - 1 - 2

R_2 (Ω)	620	510	390	300	200	100
U (V)						
I (mA)						

图 3 - 1 - 3　实际电压源伏安特性测量

表 3 - 1 - 3

R_2 (Ω)	开路	620	510	390	300	200	100
U (V)	10						
I (mA)	0						

实验二　基尔霍夫定律

1. 取元件。
2. 具体操作。

按图 3-2-1（a）和（b）接好电路，双击电压表和电流表符号，得到数据。将数据记录于表 3-2-1 中。

图 3-2-1　基尔霍夫定律测量图

表 3-2-1

被测量	I_1（mA）	U_1（V）	I_2（mA）	U_2（V）	I_3（mA）	U_3（V）
理论值						
测量值						
相对误差						

实验三　叠加定理与戴维南定理

1. 叠加定理

（1）取元件。

（2）具体操作：如图3-3-1、图3-3-2和图3-3-3分别接好电路，双击电压表符号，得到数据，将数据记录于表3-3-1中。

U_1、U_2同时作用：

图3-3-1　叠加定理U_1、U_2共同作用测量图

U_1单独作用：

图3-3-2　叠加定理U_1单独作用测量图

图 3 - 3 - 2 叠加定理 U_1 单独作用测量图（续）

U_2 单独作用：

图 3 - 3 - 3 叠加定理 U_2 单独作用测量图

表 3 - 3 - 1

	U_{R1}			U_{R2}			U_{R3}		
	测量	计算	误差	测量	计算	误差	测量	计算	误差
$U_1 U_2$ 同时作用									
U_1 单独作用									
U_2 单独作用									

2. 戴维南定理

用戴维南定理求支路电流 I_3。取元件，按图 3 - 3 - 4（a），图 3 - 3 - 5（a），图 3 - 3 - 6（a)接好电路，双击电压表，得到数据，用直接测量法测定有源二端网络的开路电压 U_{oc}。将数据记录于 3 - 3 - 2 中。

（a）   （b）

图 3 - 3 - 4　戴维南定理开路电压测量图

测定负载短路电流 I_{sc}。

（a）   （b）

图 3 - 3 - 5　戴维南定理负载短路电流测量图

测定负载端电压 U_{RL}。

（a）   （b）

图 3 - 3 - 6　戴维南定理负载端电压测量图

表 3 - 3 - 2

	计算	实测	相对误差
U_{oc}			
U_{RL}			
I_{sc}			
R_{eq}			

取 A、B 两侧测量的平均值作为 R_{eq}

3. 测定有源二端网络的外特性：取元件，按图 3 - 3 - 7（a）接好电路，双击电压表，电流表符号，得到数据。

测量电压 U（设定 $R_3 = R_L = 800\Omega$）。

测量电流 I。

图 3 - 3 - 7 有源二端网络的外特性测量图

4. 测定戴维南等效电路的外特性：取元件，按图 3 - 3 - 8（a），图 3 - 3 - 9（a）接好电路，双击电压表，电流表符号，得到数据。

测量电压 U（设定 $R_L = 1500\Omega$）。

测量电流 I。

（a）

（b）

图 3-3-8　戴维南等效电路的外特性测量图

实验四　一阶积分微分电路

1. 用示波器观察作为电源的矩形脉冲，周期为 $T=1\text{ms}$。

（1）取元件。

元件有基本元件列中取出，如电容可按 ⊣⊢ 取之，电感可按 ～ 取之。电池及接地符号取自电源/信号源元件列，可按 + 取之；电压表、电流表取自指示元件列，可按 取之；示波器取自指示元件列，可按 取之；信号源取自指示元件列，可按 取之。

（2）具体操作。

双击示波器得到电源波形，如图 3 - 4 - 1 所示。

图 3 - 4 - 1　示波器观察矩形波信号测量图

2. 按图 3-4-2 接线，使 $R=10\text{k}\Omega$，$C=0.01\mu\text{F}$、$0.1\mu\text{F}$、$1\mu\text{F}$ 的波形。

（1）取元件。

（2）具体操作，双击示波器得到 U_R 波形，改变电容的值，得到相关波形。

图 3-4-2　示波器观察微分电路测量图

3. 按图 3-4-3 所示接线，使 $R=10\text{k}\Omega$，分别记录和观察 $C=0.5\mu\text{F}$、$0.1\mu\text{F}$ 的波形。

（1）取元件。

（2）具体操作，双击示波器得到 U_C 波形，改变电容的值，得到相关波形。

4. 编辑一个 RC 串联电路，使 $C=20\mu\text{F}$，方波信号的幅值为 10V，周期为 1ms，占空比为 50%，对电阻进行参数扫描分析，分别观察电阻电压和电容电压的暂态响应，以确定获得尖峰脉冲和锯齿波输出所需电阻的范围。

（1）取元件。

（2）具体操作，双击示波器得到 U_C 波形，改变电容的值，得到相关波形。

图 3-4-3 示波器观察积分电路测量图

实验五　二阶动态电路

1. 按图 3－5－1（a）所示电路接线 $L＝0.2$H，$C＝0.1\mu$F 接入 $T＝10$ms 的矩形脉冲，观察 $R＝500\Omega$ 和 $R＝2$kΩ 两种情况下 U_C 的波形

（1）取元件。

（2）具体操作，双击示波器得到 U_C 波形，改变电阻的值，得到相关波形。

（a）

（b）

图 3－5－1　示波器观察串联二阶电路测量图

2. 按图 3－5－2（a）电路接线 $L＝0.2$H，$C＝0.1\mu$F 接入 $T＝10$ms 的矩形脉冲，观察 $R＝4$kΩ 情况下 U_C 的波形

（1）取元件。

（2）具体操作，双击示波器得到 U_C 波形，改变电阻的值（$R＝500\Omega$，$R＝270$kΩ），得到相关波形。

（a）

（b）

图 3 - 5 - 2　示波器观察并联二阶电路测量图

实验六　R、L、C元件性能的研究

1. 测定电阻、电感和电容元件的交流阻抗及其参数。

（1）从电源元件列中取正弦波电压源。

（2）具体操作。

按图 3 - 6 - 1（a）所示接好电路，双击电流表符号得到数据，改变信号源的值（在 Frequency 空格处设定频率，在 Voltage RMS 空格处设定输出电压有效值），得到相关数值测定电阻的交流阻抗及其参数。

图 3 - 6 - 1　电阻特性测量图

2. 测定电感元件的交流阻抗及其参数：按图 3 - 6 - 2（a）所示接好电路，测定电感的交流阻抗及其参数。

图 3 - 6 - 2　电感特性测量图

3. 测定电容元件的交流阻抗及其参数：按图 3 - 6 - 3（a）所示接好电容，测定电容的交流阻抗及其参数，并将结果记录于表 3 - 6 - 1 中。

图 3-6-3　电容特性测量图

表 3-6-1

测量元件　　电压	U (V)	0V	2V	4V	6V	8V	10V
$R = 1\text{k}\Omega$	I_R (mA)						
$L = 0.2\text{H}$	I_L (mA)						
$C = 1\mu\text{F}$	I_C (mA)						

4. 测定阻抗和频率的关系。

（1）取元件。

（2）具体操作。

按步骤（1）接好电路，将信号发生器的输出电压调至 5V，分别测量在不同频率时各元件上的电流值，双击电流表符号，得到测量数据，记录于表 3-6-2 中。

表 3-6-2

被测元件	$R = 1\text{k}\Omega$			$L = 0.2\text{H}$			$C = 2\mu\text{F}$		
信号源频率（Hz）	50	100	200	50	100	200	50	100	200
电流（A）									
阻抗（Ω）									

5. R、L、C 全部并联接入电路中，保持信号源频率 $f = 50\text{Hz}$，输出电压 $U = 5\text{V}$，测量各支路电流及总电流，从而验证基尔霍夫定律的正确性。

（1）取元件。

（2）具体操作，按图 3-6-4（a）接好电路，测量各支路电流及总电流。

（b）

图 3 - 6 - 4 RLC 基尔霍夫电流定律测量图

实验七 RLC 串联谐振电路

1. 测试电路的谐振频率

（1）取元件。

（2）具体操作。

按图 3-7-1（a）接好电路，改变输入电源的频率，使电路达到串联谐振，当观察到 U_R 最大时电路发生谐振，此时的频率即为 f_0。

（a）   （b）

图 3-7-1 电路谐振测量图

或者：在 $R=100\Omega$，$C=0.1\mu F$，L 为一可调电感，其最大值为 $0.2mH$，正弦电压源的有效值为 $5V$，频率为 $50kHz$。在窗口编辑实验电路时，选择正弦电压源（有效值和频率可以通过双击其符号进行修改，选择可调电感，按键盘 A 键可增大其电感量，按键盘 [Shift+A] 组合键则减小其电感量；R 和 C 都选用虚拟元件。单击仪器仪表工具栏中虚拟双通道示波器按钮，用其中一个通道观察正弦电压源的波形，用另一个通道观察电阻电压的波形。按下仿真按钮，不断调节电感参数，当电源电压和电阻电压形状大小相等，相位差为零时，电路处于谐振状态。

请思考：当电路谐振时，增大或减小电感量，电路呈容性还是感性？

在该电路中也可以用虚拟数字万用表的电压挡测试电阻电压的有效值。在调节电感参数的过程中，当电阻电压的有效值与电源电压的有效值相等时，电路处于谐振状态。请思考：当电路处于谐振状态时，应如何测量并计算电路的品质因数？

2. 测量电路的幅频特性

（1）取元件。

（2）具体操作：

按图 3-7-2（a）接好电路，改变输入电源的频率，在 f_0 附近各选择几个测试点的 U_L、U_C、U_R 的值，并计算电流 I 的值。

（a）　　　　　　　　　　　　　　（b）

图 3-7-2　电路幅频特性测量图

表 3-7-1

f (Hz)			f_0				
U_L (V)							
U_C (V)							
U_R (V)							
I (mA)							

3. 测量电路的相频特性

（1）取元件。

（2）具体操作：

按图 3-7-3 接好电路，改变输入电源的频率，在 f_0 的两旁各选择几个测试点，从示波器上显示的电压和电流波形测量出每个测试点电压与电流之间的相位差 $\varphi = \varphi_u = \varphi_i$，数据表格自拟。

图 3-7-3

示波器上显示的电压、电流波形如图 3 - 7 - 4 所示。

图 3 - 7 - 4　电路相频特性测量图

4. 用波特图图示仪测量电路的频率特性

（1）取元件从仪器列表取波特图图示仪。

（2）具体操作：按图 3 - 7 - 5（b）连接电路，双击波特图图示仪。（因为波特图以电压为参考量，故幅频、相频特性与上面结果不同）

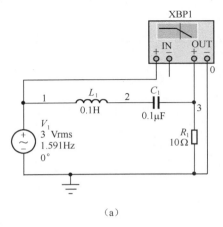

（a）

图 3 - 7 - 5　电路频率测量图

(b)

图 3 - 7 - 5　电路频率测量图（续）

实验八　三相电路

1. 取元件

一个 Y 型三相电源，其中 $U=220\text{V}$，$f=50\text{Hz}$，对称 Y 型三相负载为纯电阻，其大小为 50Ω。选择中性线开关，该开关由 A 键控制其断开和闭合，电路编辑完毕作如下仿真。

2. 具体操作

（1）用 3 个虚拟数字万用表的交流电压挡分别测量三个负载的相电压，观测在中性线接通和断开的情况下，负载的相电压是否发生变化。

（a）

（b）

图 3 - 8 - 1　对称 Y 型三相电路测量图

（2）将 A 相负载并联一个 50Ω 的电阻，B 相负载并联一个 100Ω 的电阻，再观测在中性线接通和断开的情况下，负载相电压的变化情况。

（3）保持三相负载不对称，断开中性线，用虚拟功率表测量每相负载的功率，计算出三相总功率；然后用两瓦计法测量并计算三相总功率，看二者测量结果是否相等，以此说明两瓦计法测量三相总功率的适用条件。

（a）

图 3 - 8 - 2　不对称 Y 型三相电路中性线接通测量图

图 3 - 8 - 3　不对称 Y 型三相电路中性线断开测量图

图 3 - 8 - 4　三相总功率测量图

实验九　功率因数的提高

1. 取元件

一个感性负载，其中 $R = 230\Omega$，$L = 1.9\mathrm{H}$，所加正弦电压的有效值为 220V，频率为 50Hz。

2. 具体操作

编辑好该电路，用虚拟数字功率表测量该负载的有功功率和功率因数，然后将该负载两端并联一个可变电容，调节电容的大小，再测试电路的总功率和功率因数，观察总功率是否发生变化，并记录下使电路的总功率因数为 1 时所并联电容的大小。

注意：每次改变电容大小时，必须重新进行仿真，并且要等待虚拟数字功率表的读数稳定之后作记录。可变电容最初选择 $10\mu\mathrm{F}$，首先确定一个大致范围使总的功率因数为 1，然后减小可变电容的最大值，并减小电容调节的步长进行细调，以确定精确的数值。

图 3-9-1　功率因素提高测量图

附　　录

附录一　实验课程基本知识

一、实验的性质和目的

实验是人类认识客观事物的重要手段。很多科学成果都是通过大量探索性实验而取得的。在理工科大学里，实验课程与课堂理论讲授一样，是教学中不可缺少的重要环节。实验课程中安排的实验课题，其内容是成熟的，目的是明确的，结果是预知的，实验过程有老师的指导，虽然没有探索性实验那样复杂，但是对帮助学生较为系统地获得有关实验的理论知识和培养有关实验的基本技能是必不可少的。

通过电路实验课程的学习，学生应做到以下几点。

1. 掌握常用电子仪器仪表（包括万用表、直流稳压电源、低频信号发生器、晶体管毫伏表及数字示波器）的性能、使用方法。

2. 学习并掌握基本的测量方法。（包括电流、电压、阻抗的测量，网络伏安特性的测量，网络频率特性的测量以及网络动态特性的测量。）

3. 初步掌握专业实验技能（包括正确选用仪器、仪表，合理制定实验方案，实验现象的观察和判断，实验数据的读取和处理，误差分析，实验报告的编写）。

二、实验的过程和任务

一般讲，一次完整的实验应包括以下几个过程。

1. 设计

根据实验目的制定实验方案。

2. 安装调试

创造实验方案设计的实验条件。

3. 观测

定性的观察和定量的测量。做实验首先强调观察，集中精力于研究的对象，观察它的现象、它对某一些影响因素的响应、它的变化规律和性质等；同时对研究对象本身的量值和它随外部条件而变化的程度等作数量上的测量与分析。

4. 整理和分析

对数据资料进行认真的整理和分析，以求对实验的现象和结果得出正确的理解和认识。

三、电路实验的三个阶段

1. 预习阶段

实验收获的大小和实验进行得是否顺利，在很大程度上取决于学生事先预习、准备的情况。学生实验前必须做到以下几点。

（1）认真阅读实验指导书，明确实验目的、原理及实验所用测量仪器的使用方法。回答预习思考题。

（2）预习实验操作步骤，明确要测量哪些数据，如何测得。对设计性实验，预习时必须设计实验电路、拟定测试方案和选择测量仪器，考虑实验中可能出现的误差和问题。

（3）写预习报告。预习报告要包含实验名称、实验目的、实验线路图等，对设计性实验还应包含设计计算的主要公式和计算结果的列表说明。另外，还要准备实验记录纸，并画好记录数据的表格，对一些重要的数据，表格中还应该包含其估算值，以便实验测量、选择量程和记录时对照。

2. 实验操作阶段

实验操作可分为接线、查线、观测及数据的检查与分析等几个阶段。

（1）接线：接线前应先熟悉本次实验所用的设备，合理安排位置，以方便接线、查线、现象的观察和数据的测量。

接线时要按一定的次序，做到认真仔细。

连接仪表时要特别注意量程和极性。

电源总是在查线无误后才接入。

同一插孔（或接线柱）上的连接导线不要太多（一般不超过 3 根），以防松动或脱落。

（2）查线：按照接线同样的次序进行查线。先查线路的结构，再查元件的参数、仪表的量程等。

经查线无误后，方可接上电源。

（3）观测：接上电源后，不要急于读取和记录数据，应先进行调试，观察出现的各种现象，注意观察仪表的指示及有关量的变化情况，与事先的估计比较，若相差得很大，就有可能是电路发生故障，必须先排除。

调试正常后，就可进行测量、数据及现象的记录。测量时应合理选择仪表的量程，读取数值的有效数字位数应充分发挥仪表的准确度等级。

（4）数据的检查与分析：观察和测量完毕后不要急于拆除线路，应先对数据进行检查。首先检查数据是否测全；第二检查测量点的间隔选择是否合适，在曲线的平滑部分可少测几点，而在曲线的弯曲部分要多测几点；第三检查测量所得数据与事先估算的数据是否相符，如果相差很大，则应检查估算值，重做实验排除可能出现的故障（在教学实验中出现上述现象可能存在的故障有仪器或线路故障、测试方法不对、测试点不对、读数错误等），并如实记录两次实验的结果，以备事后分析讨论；第四自查完毕，将实验记录交给指导老师检查，经指导老师认可签字后方可结束实验。

实验完毕后应在实验记录纸上记下实验所用设备的名称规格和编号，以备核查。

离开实验室前，应拆除实验线路，将仪器设备放回原位，并且填好使用过的仪器使用记录卡。

3. 实验报告阶段

在实验操作阶段完成了定性的观察和定量的测量取得资料数据后，工作并未结束。实验的重要一环是对数据资料进行认真的整理和分析，写出实验报告。

实验报告是在实验预习报告的基础上完成的，在实验的预习报告的基础上还应增加以下内容。

（1）实验所用设备的名称、规格、编号和数量。

（2）将实验记录数据重新抄列，表中还需列出由实验数据算出的数值，列出计算中主要的计算公式。

（3）根据实验测得及计算得到的数据绘制曲线，以便从曲线中清晰地看出各物理量之间的关系和发展趋势。

（4）讨论与分析。对实验结果进行充分的分析后得出实验的结论，误差分析，对实验中出现的各种现象进行解释，提出自己的见解，说明心得体会、改进意见及遗留问题。

（5）回答问题。回答实验指导书中提出的或老师指定的问题。

四、测量误差与实验数据的处理

关于误差、有效数字等概念在物理实验中已经介绍。这里仅简单归纳产生的原因，重点讲述减小或消除误差的办法和试验结果的图示处理方法。

1．误差的性质和分类

根据误差的性质和产生的原因可将误差分成系统误差、随机误差和过失误差。

（1）系统误差。在测量过程中，如果测量数据的误差具有恒定的或遵循某一规律而变化的性质则称为系统误差。

（2）随机误差（又称偶然误差）。在相同的条件下对同一物理量进行多次重复测量时其值具有随机特性的误差称为随机误差。

（3）过失误差。又称粗差，它是因仪器故障测量者操作读数计算记录错误或存在不能容许的干扰导致的。这种误差通常很大，明显超过正常条件下的系统误差或随机误差。

2．减小测量误差的方法

根据误差的性质和产生的原因，可采取不同的方法来消除或减小其对结果的影响。

随机误差服从正态分布的统计规律，影响测量的精密度。通常随机误差较小，可不予考虑。在需考虑时，采用重复测量多次取其平均值的方法，来减小其对测量结果的影响。

过失误差，应在测量中尽量避免。如果出现，则在确认后予以舍去。

系统误差影响测量的准确度。需要通过试验研究分析产生的原因加以消除或减小其影响。系统误差大体可分为以下几类。

（1）仪器误差：指因仪器自身机电性能的不完善引起的误差。

（2）操作误差：它是指在使用时对仪器的安装调节操作不当造成的误差。减小或消除使用误差的方法是严格按照仪器的技术规程操作使用，熟练掌握实验操作技巧。

（3）方法误差：测量中依据的理论不严密，或者不适当地简化测量计算公式所引起的误差。

（4）环境误差：指外界环境（温度、湿度、电磁场等）超出仪器允许的工作条件引起的误差。

（5）人为误差：测量者个人的习惯、偏向以及由于个人的感觉器官不完善而造成的误差。为消除这类误差，要求实验者提高操作技巧，改善不良习惯。

对系统误差，如不能用简单的方法确定或消除，还可以用一些特殊的测量方法来加以抵消。以下介绍两种方法。

（1）代替法：在测量时，先对被测量进行测量，并记录测量数据，然后用一已知标准量替代被测量，并改变已知标准量的数值，使测量装置恢复到原来的测量数值，则这时已知标准量的数值就是备测量的数值。

（2）正负误差抵消法：在相反的情况下进行两次测量，使两次所发生的误差等值而异号，然后取两次结果的平均值，便可将误差消除。

3. 实验结果的图示处理

为了直观地反映量之间的关系或变化规律，常需将实验结果用曲线的形式来表达。

在坐标中（以直角坐标为例）根据 n 对离散的测量数据 (x_j, y_j)（$j=1, 2, 3, \cdots, n$）绘制出能反映所给数据的一般变化趋势的光滑曲线的方法称为"曲线拟合"。

在要求不高的情况下曲线拟合的最简单办法是观察法，通过观察画出一条光滑的曲线，使所给的数据均匀地分布在曲线的两侧。这种方法不够精确，如图 1-1 所示。

工程上最常用的曲线拟合法是"分段平均法"。先把所有数据点在坐标图上标出；再根据数据分布情况，把相邻的 2 ~ 4 个数据点划为一组，然后求出每组数据点的几何重心，把它们标于坐标图上，然后根据它们绘制出光滑的曲线，如图 1-2 所示。

精度要求更高时，可采用最小二乘法进行数据曲线拟合。这里不作介绍，可参阅有关资料。

图 1-1

图 1-2

五、实验考核

实验课程成绩的给定分为 4 部分：预习报告成绩、平时实验成绩、实验报告成绩、期末考试成绩。

1. 预习报告成绩（占 10%）

实验预习要准备充分，具体要求如下。

（1）认真阅读实验指导书，明确实验目的，理解相关原理，熟悉实验内容、电路及注意事项。

（2）熟悉所用仪器的主要性能和使用方法，掌握主要参数的测试方法，做好观察哪些波形，记录哪些数据的准备工作。

（3）认真完成实验报告的预习部分（包括实验目的、实验原理和实验内容，并分析 3 个部分），未完成预习部分不允许做实验。

2. 平时实验成绩（占 20%）

（1）按时进入实验室，凡无故不上实验课或迟到 10min 以上者，以旷课论处。

（2）遵守实验室的各项规章制度和实验操作规程，要求接线合理、正确，仪器仪表使用正确合理，具体操作见《学生实验室规则》。

（3）要求在规定时间内独立完成实验，做到原始数据记录完整、清楚，实验结果正确。

不符合要求的必须重做。

（4）实验过程中出现仪器损坏情况，其赔偿办法见《实验室仪器赔偿制度》。

3. 实验报告成绩（占 20%）

（1）实验报告用规定的实验报告纸书写，上交时应装订整齐。

（2）实验报告要书写工整、规范，图表都应该标明图表号、图表名。如有曲线图，应在坐标纸上画出。

（3）实验报告内容要齐全，具体要求如下。

① 验证性实验报告要求：

预习部分（实验前已经完成）

实验部分：实验仪器；实验数据记录、处理、分析及结论；实验小结。

② 设计性实验报告要求：

a. 实验目的

b. 设计要求

c. 电路设计

叙述工作原理，画出电路图，计算并确定元件参数。

d. 测试数据及分析

- 简述调试方式。

- 记录测试数据，并绘出所观察到的输出波形图。

- 分析实验结果，得出相应结论。

- 调试过程中所遇到的问题及解决方法。

e. 结论

结论是对整个设计工作的总结，应概括出整个设计工作的结论性意见或认识。可以包括作者提出的建议、下一步工作的设想及改进意见等。

要求：措词严谨、逻辑严密、文字准确。

注意：

- 不要以第一人称（我）来书写；

- 不要对在设计过程中的常识性错误进行讨论。

f. 参考文献

本部分列出撰写报告过程中所参考的文章、书本及其他文献。

- 书写格式：

序号→主要作者→文献名→出版地→出版社→出版年月 →卷号（期号）→页码。

- 举例：

［1］梁宗善 . 电子技术基础与课程设计 . 华东理工大学出版社 . 1994.

［2］A. P. Goutzoulis and D. R. Pape，Design and Fabrication of Acousto－optic devices，Marcel Dekker，New York，1994

（按时间顺序）

- 注意：作者或责任者不明时，注明"佚名"。

4. 期末考试成绩（占 50%）

（1）所有学生都必须参加考试，前三项成绩综合不及格将取消考试资格。

（2）考试以规定时间内独立完成实验操作和实验数据记录、分析的方式进行。

（3）考试题目为平时实验的相关内容，通过抽签方式确定考题。

（4）不允许携带实验指导书和与考试相关的物品，考场纪律见《关于考试考查工作细则》。

附录二　实验报告格式

××大学实验报告

二〇×× 年 月 日

课程名称：<u>电子线路实验1</u>　　实验名称：<u>叠加定理和戴维南定理</u>

班级：＿＿＿＿＿＿＿＿ 姓名：＿＿＿＿＿＿＿＿ 同组人：＿＿＿＿＿＿＿＿

指导老师评定：＿＿＿＿＿＿＿＿＿＿＿＿＿＿ 签名：＿＿＿＿＿＿＿＿＿＿

- **预习部分**

一、实验目的

（1）加深对叠加定理和戴维南定理的理解。

（2）学习线性有源一端口网络等效电路参数的测量方法。

二、实验原理

叠加定理：在有几个独立源共同作用下的线性网络中，通过每一支路的电流或任一元件上的电压，可以看成是由每一个独立源单独作用时，在该支路或该元件上产生的电流或电压的代数和。

戴维南定理：任何一个线性含源一端口网络，对外电路来说，总可以用一个理想电压源和电阻串联有源支路来代替，其理想电压源的电压等于原网络端口的开路电压 U_{oc}，其电阻等于原网络中所有独立电源为0值时的入端等效电阻 R_{eq}。U_{oc} 和 R_{eq} 称为有源一端口网络等效电路参数。

三、实验内容分析

1. 叠加定理的验证

理论分析如下：（1）电源 U_1 单独作用，如图1所示。

图1　电源 U_1 单独作用的电路图

当电源 U_1 单独作用时，分别计算电阻 R_1、R_2、R_3 的端电压 U'_{R1}、U'_{R2}、U'_{R3}。

$$U'_{R1} = \frac{U_1}{R_1 + (R_2 \mathbin{/\!/} R_3)} \times R_1 = \frac{8}{510 + (1000 /\!/ 300)} \times 510 = 5.51(\text{V})$$

$$U'_{R2}=U'_{R3}=\frac{U_1}{R_1+(R_2\mathbin{/\!/}R_3)}\times(R_2\mathbin{/\!/}R_3)$$

$$=\frac{8}{510+(1000\mathbin{/\!/}300)}\times(1000\mathbin{/\!/}300)=2.49(\text{V})$$

（2）电源 U_2 单独作用，如图 2 所示。

图 2　电源 U_2 单独作用的电路图

当电源 U_2 单独作用时，分别计算电阻 R_1、R_2、R_3 的端电压 U''_{R1}、U''_{R2}、U''_{R3}。

$$U''_{R2}=\frac{-U_2}{R_2+(R_1\mathbin{/\!/}R_3)}\times R_2=\frac{-3}{1000+(510\mathbin{/\!/}300)}\times1000=-2.52(\text{V})$$

$$U''_{R1}=\frac{-U_2}{R_2+(R_1\mathbin{/\!/}R_3)}\times(R_1\mathbin{/\!/}R_3)=\frac{-3}{1000+(510\mathbin{/\!/}300)}\times(510\mathbin{/\!/}300)=-0.48(\text{V})$$

$$U''_{R3}=\frac{U_2}{R_2+(R_1\mathbin{/\!/}R_3)}\times(R_1\mathbin{/\!/}R_3)=\frac{3}{1000+(510\mathbin{/\!/}300)}\times(510\mathbin{/\!/}300)=0.48(\text{V})$$

（3）电源 U_1、U_2 同时作用，如图 3 所示。

图 3　电源 U_1、U_2 同时作用的电路图

根据叠加定理：$U_{R1}=U'_{R1}+U''_{R1}=5.03$（V）

$$U_{R2}=U'_{R2}+U''_{R2}=-0.03\text{（V）}$$

$$U_{R3}=U'_{R3}+U''_{R3}=2.97\text{（V）}$$

2. 戴维南定理的验证

采用两次电压法测量有源一端口网络等效电路参数。

理论分析如下：（1）测量有源一端口网络开路电压 U_{oc}，如图 4 所示。

图 4　ab 端口开路的电路图

开路电压 $U_{oc}=\dfrac{U_1}{R_1+R_3}\times R_3=\dfrac{8}{510+300}\times300=2.96(\text{V})$

（2）在 ab 端口处接一负载 R_L，测量负载电阻的端电压 U_{RL}，如图5所示。

图5　ab 端口接上负载电阻后电路图

负载电压 $U_{RL} = \dfrac{U_1}{R_1 + [R_3 \mathbin{/\mkern-5mu/} (R_2 + R_L)]} \times \dfrac{R_3}{R_3 + (R_2 + R_L)} \times R_L = 0.43(\mathrm{V})$

（3）根据 $U_{RL} = \dfrac{U_{OC}}{R_i + R_L} \times R_L$，计算等效电阻 R_i。

$R_i = \left(\dfrac{U_{OC}}{U_{RL}} - 1\right) \times R_L$，得 $R_i = 1176.74$（Ω）

- **实验部分**

一、实验仪器

1. 模拟电子技术实验箱　　　1台
2. 直流稳压电源　　　　　　1台
3. 数字万用表　　　　　　　1只

二、实验数据记录、处理及分析

实验1　叠加定理的验证

1. 实验数据记录及处理

表1　　　　　　　　　　　　　　　验证叠加定理

	U_{R1}（V）			U_{R2}（V）			U_{R3}（V）		
	测量	计算	相对误差	测量	计算	相对误差	测量	计算	相对误差
$U_1 U_2$ 同时作用	5.05	5.03	0.40%	−0.06	−0.03	−100%	2.95	2.97	−0.67%
U_1 单独作用	5.54	5.51	0.54%	2.48	2.49	−0.40%	2.48	2.49	−0.40%
U_2 单独作用	−0.47	−0.48	2.08%	−2.54	−2.52	−0.79%	0.47	0.48	−2.13%

2. 误差分析

对记录下来的实验资料进行整理并处理（包括曲线绘制）；对实验资料进行理论分析（包括理论计算、实验测试数值与理论计算值进行误差分析、找出实验产生误差的原因等）。

3. 实验结论

实验 2　戴维南定理的验证（不含受控源的一端口网络）

1. 实验数据记录及处理

表 2　　　　　　　　　　　　　验证戴维南定理

	计算	实测	相对误差
U_{oc}	2.96V	2.98V	0.68%
U_{RL}	0.43V	0.42V	−2.33%
R_i	1176.74Ω	1219.05Ω	3.60%

2. 误差分析
3. 实验结论

三、实验小结

1. 实验中出现的问题及其解决方法。
2. 实验思考题回答。
3. 实验方法的改进。

附录三　元件清单

元件清单（a）

序号	名称	规格	数量
1	电阻	1MΩ　1/2W	2
2	电阻	200kΩ　1/2W	1
3	电阻	100kΩ　1/2W	2
4	电阻	51kΩ　1/2W	1
5	电阻	20kΩ　1/2W	2
6	电阻	30kΩ　1/2W	2
7	电阻	36kΩ　1/2W	1
8	电阻	10kΩ　1/2W	4
9	电阻	5.1kΩ　1/2W	2
10	电阻	4.3kΩ　1/2W	1
11	电阻	3kΩ　1/2W	1
12	电阻	2kΩ　1/2W	3
13	电阻	1kΩ　1/2W	6
14	电阻	820Ω　1/2W	1
15	电阻	510Ω　1/2W	1
16	电阻	390Ω　1/2W	1
17	电阻	200Ω　1/2W	2
18	电阻	100Ω　1/2W	1
19	电阻	51Ω　1/2W	1
20	电阻	10Ω　1/2W	2
21	电位器	100kΩ　1/2W	2
22	电位器	10kΩ　1/2W	2
23	电位器	1kΩ　1/2W	1
24	电位器	47kΩ　1/2W	2
25	电容	0.47μF	2

序号	名称	规格	数量
26	电容	0.33μF	1
27	电容	0.22μF	2
28	电容	0.1μF	2
29	电容	0.01μF	2
30	电容	0.022μF	2
31	电容	10pF	1
32	电解电容	1μF/25V	1
33	电解电容	2.2μF/25V	1
34	电解电容	100μF/25V	1
35	电解电容	47μF/25V	2
36	电解电容	4.7μF/25V	1
37	电解电容	10μF/25V	2
38	电感	8.2mH	1
39	二极管	IN4148	4
40	二极管	IN60	2
41	稳压二极管	6V	4
42	三极管	3DG6B	3
43	桥堆	W08	3
44	芯片插座	14P	12
45	芯片插座	16P	4

元件清单（b）

序号	名称	型号	数量
1	电阻	2kΩ	6
2	电阻	1MΩ	1
3	电阻	1kΩ	3
4	电阻	200kΩ	1
5	电阻	100kΩ	5
6	电阻	10kΩ	5
7	电阻	20kΩ	3
8	电阻	2.7kΩ	1
9	电阻	51kΩ	2
10	电阻	10Ω	1
11	电阻	24Ω	1
12	电阻	51Ω	1
13	电阻	100Ω	1
14	电阻	120Ω	1
15	电阻	200Ω	1
16	电阻	240Ω	1
17	电阻	390Ω	1
18	电阻	470Ω	1
19	电阻	510Ω	1
20	电阻	680Ω	1
21	电阻	820Ω	1
22	电阻	910Ω	1
23	电阻	5.1kΩ	1
24	电容	0.022μF	3
25	电容	0.01μF	2
26	电容	0.47μF	1
27	电容	0.33μF	1
28	电容	0.22μF	2
29	电解电容	47μ/25V	2
30	电解电容	10μ/25V	1
31	二极管	IN4148	6
32	稳压二极管	IN4735A	4
33	电位器	10kΩ	2
34	电位器	47kΩ	2
35	电位器	100kΩ	1

附录四　常用仪器的使用介绍

一、EE1641B 多功能函数发生器

1. 前面板各部分的名称和作用

图 4-1　前面板示意图

（1）频率显示窗口①：显示输出信号的频率或外测频信号的频率。

（2）幅度显示窗口②：显示函数输出信号的幅度。

（3）速率调节旋钮③：调节此电位器可以改变内扫描的时间长短。在外测频时，逆时针旋到底（绿灯亮），为外输入测量信号经过衰减低通开关进入测量系统。

（4）扫描宽度调节旋钮④：调节此电位器可调节扫描输出的频率宽度。在外测频时，逆时针旋到底（绿灯亮），为外输入测量信号经过衰减"20dB"进入测量系统。

（5）外部输入插座⑤：当"扫描/计数键"⑬功能选择在外扫描外计数状态时，外扫描控制信号或外测频信号由此输入。

（6）TTL 信号输出端⑥：输出标准的 TTL 幅度的脉冲信号，输出阻抗为 600Ω。

（7）函数信号输出端⑦：输出多种波形受控的函数信号，输出幅度 $20V_{p-p}$（1MΩ 负载），$10V_{p-p}$（50Ω 负载）。

（8）函数信号输出幅度调节旋钮⑧：调节范围 20dB。

（9）函数信号输出信号直流电平预置调节旋钮⑨：调节范围：$-5\sim+5V$（50Ω 负载），当电位器处在中心位置时，则为 0 电平。

（10）输出波形，对称性调节旋钮⑩：调节此旋钮可改变输出信号的对称性。当电位器处在中心位置时，则输出对称信号。

（11）函数信号输出幅度衰减开关⑪："20dB""40dB"键均不按下，输出信号不经衰减，直接输出到插座口。"20dB""40dB"键分别按下，则可选择 20dB 或 40dB 衰减。

（12）函数输出波形选择按钮⑫：可选择正弦波、三角波、脉冲波输出。

（13）"扫描/计数"按钮⑬：可选择多种扫描方式和外测频方式。

（14）频率范围选择旋钮⑭：调节此旋钮可改变输出频率的 1 个频程。

（15）整机电源开关⑮：此按键揿下时，机内电源接通，整机工作。此键释放为关掉整

机电源。

2. **后面板各部分的名称和作用**

图 4-2 后面板示意图

（1）电源插座①（AC 220V）：交流市电 220V 输入插座。

（2）保险丝座②（FUSE 0.5A）：交流市电 220V 进线保险丝管座，座内保险容量为 0.5A。

3. **函数信号输出**

（1）50Ω 主函数信号输出。

（a）以终端连接 50Ω 匹配器的测试电缆，由前面板插座⑦输出函数信号；

（b）由频率选择按钮⑭选定输出函数信号的频段，由频率调节器调整输出信号频率，直到所需的工作频率值；

（c）由波形选择按钮⑫选定输出函数的波形，分别获得正弦波、三角波、脉冲波；

（d）由信号幅度选择器⑪和⑧选定和调节输出信号的幅度；

（e）由信号电平设定器⑨选定输出信号所携带的直流电平；

（f）输出波形对称调节器⑩可改变输出脉冲信号占空比，与此类似，输出波形为三角或正弦时可使三角波调变为锯齿波，正弦波调变为正与负半周分别为不同角频率的正弦波形，且可移相 180°。

（2）TTL 脉冲信号输出⑥。

（a）除信号电平为标准 TTL 电平外，其重复频率、调控操作均与函数输出信号一致；

（b）以测试电缆（终端不加 50Ω 匹配器）由输出插座⑥输出 TTL 脉冲信号。

（3）内扫描扫频信号输出。

（a）"扫描/计数"按钮⑬选定为内扫描方式；

（b）分别调节扫描宽度调节器③和扫描速率调节器④获得所需扫描信号输出；

（c）函数输出插座⑦、TTL 脉冲信号输出插座⑥均输出相应的内扫描的扫频信号。

（4）外扫描/扫频信号输出。

（a）"扫描/计数"按钮⑬选定为"外扫描方式"；

（b）由外部输入插座⑤输入相应的控制信号，即可得到相应的受控扫描信号。

（5）外测频功能检查。

（a）"扫描/计数"按钮⑬选定为"外计数方式"；

（b）用本机提供的测试电缆，将函数信号引入外部输入插座⑤，观察显示频率应与"内"测量时相同。

二、直流稳压电源

HG6000 系列直流稳压电源是高精度、高可靠、易操作实验室通用电源，产品独特的积木式结构设计提供了从 1 组至多组电压输出规格，满足用户各种电路实验的要求，可广泛应用于工厂、学校和科研单位的实验和教学之中。

HG6531 具有 5 组输出端口，其中两组输出电压从 0～30V 连续可调，电流从 0～1A 连续可调，具有预置、输出功能和稳压、稳流随负载变化而自动转换的功能，且具有优良的负载特性和纹波性能。本机的第 2 组可调输出具有跟踪功能，在串联使用时，采用跟踪模式可使第 2 组输出随第 1 组输出变化而变化，从而获得两组对称输出。显示部分为 4 组 3 位 LED 数字显示，可同时显示可调的输出电压和电流。本机的另外 3 组分别为独立的 +/－12V（1A）和 +5V（3A）固定输出。

操作说明如下。

（1）输出端口的连接

本机的所有输出端口均为悬浮式端口，从左边起分别为固定的 +/－12V，两组 0～30V 可调和 1 组固定 +5V，最右边的端口为接地端并和机壳相连，用户可根据需要将接地端和其他端口连接。

（2）电压设定

两组可调输出具有"预置/输出"控制开关，该功能可有效的防止在接入负载时调节输出电压而对负载产生不良影响。使用时应先将"预置/输出"控制开关置弹出状态，调节"电压调节"旋钮，使电压指示为所需要的电压，再将该开关按入，此时负载则可获得所需要的电压。

（3）电流设定

两组可调输出的最大输出电流由"电流调节"旋钮控制，设定时应先将该旋钮逆时针调至一个较小电流的位置，输出端短路，将"预置/输出"开关置按入状态，调节"电流调节"旋钮至设定值。负载接入后，如负载电流超过设定值，输出电流将被恒定在设定值，此时稳压指示灯"CV"熄灭，稳流指示灯"CC"点亮。

（4）跟踪方式

本机的两组可调输出具有主从跟踪功能，使用时将第一组的"－"端和第二组的"+"端接地，按入"独立/跟踪"和"预置/输出"按钮，第二组输出电压受第一组控制，调节第一组"电压调节"旋钮，可获得两组电压相同而极性相反的输出。

（5）主要技术指标

输出组别		5 组输出（2 组可调 + 3 组固定）
第一、二组	输出电压（1、2）	0～30V 连续可调
	输出电流	0～1A 连续可调
	纹波及噪声	≤1mVrms
	输出极性	可设置为"+"或"－"
	跟踪特性	第 2 组输出可与第 1 组跟踪
	显示方式	4 组 3 位 LED 同时显示 2 组输出电压和电流

续表

输出组别		5 组输出（2 组可调＋3 组固定）
第三、四组	输出电压（3）	＋12V 固定
	输出电压（4）	－12V 固定
	最大输出电流	1A
	纹波及噪声	≤5mVrms
第五组	输出电压（5）	＋5V 固定
	最大输出电流	3A
	纹波及噪声	≤5mVrms
外形尺寸		240×150×270（mm）
重量		约 8kg

（6）面板功能简介

面板控制件位置如图 4 - 3 所示。

图 4 - 3　面板控制件位置图

面板控制件的作用：

①②——显示屏，多组 3 位 LED，同时显示输出电压和电流。

③④——稳压、稳流指示。当负载电流小于设定值时，输出为稳压状态，"C. V"指示灯亮，当负载电流大于设定值时，输出电流将被恒定，"C. C"指示灯亮。

⑤⑥——预置/输出控制开关，弹出时为预置状态，输出端开路，用于在输出电压未和负载连接时设置所需要的电压；按入时输出端与负载连接。

⑦——独立/跟踪控制开关，在串联使用时，按入此开关，第 2 组输出电压将与第 1 组同步，用于获得两组电压相同而极性相反的输出。

⑧⑨——电压调节旋钮，用于调节对应单元的输出电压，在跟踪状态时第 2 单元的该旋钮不起作用。

⑩⑪——电流调节旋钮，用于调节输出电流的恒定值，当负载电流大于该值时，输出将自动转换为恒流状态。

⑫——第 1 组输出端口，输出电压和电流受⑧和⑩控制。

⑬——第 2 组输出端口，输出电压和电流受⑨和⑪控制。

⑭——第 3、4 组输出端口，输出电压为固定＋/－12V。

⑮——第 5 组输出端口，输出电压为固定 5V。

⑯——接地端口，与机壳相连。

⑰——电源开关，在仪器的后面板。

三、数字式万用表

数字万用表，它采用了先进的集成电路 A/D 转换器和数显技术，将被测量的数值直接以数字形式显示出来。数字万用表显示清晰直观，读数正确，与模拟万用表相比，其各项性能指标均有大幅度的提高。

1. 组成与工作原理

数字万用表除了具有模拟万用表的测量功能外，还可以测量电容、二极管的正向压降、晶体管直流放大系数及检查线路短路告警等。

数字万用表的测量基础是直流数字电压表，其他功能都是在此基础上扩展而成的。为了完成各种测量功能，必须增加相应的转换器，将被测量转换成直流电压信号，再经过 A/D 转换成数字量，然后通过液晶显示器以数字形式显示出来，其原理如图 4－4 所示。

图 4－4　数字万用表原理框

转换器将各种被测量转换成直流电压信号，A/D 转换器将随时间连续变化的模拟量变换成数字量，然后由电子计数器对数字量进行计数，再通过译码显示电路将测量结果显示出来。

数字万用表的显示位数通常为三位半～八位半，位数越多，测量精度越高，但位数多的，其价格也高。一般常用的是三位半、四位半数字万用表，即显示数字的位数分别是四位和五位，但其最高位只能显示数字 0 或 1，称为半位，后几位数字可以显示数字 0～9，称为整数位。对应的数字显示最大值为 1999（三位半）、19999（四位半），满量程计数值分别为2000、20000。

2. 主要特点与使用方法

（1）数字万用表的主要特点：

（a）数字显示，直观准确，无视觉误差，并且有极性自动显示功能。

（b）测量精度和分辨率高，功能全。

（c）输入阻抗高（大于 1MΩ），对被测电路影响小。

（d）电路的集成度高，产品的一致性好，可靠性强。

（e）保护功能齐全，有过压、过流、过载保护和超量程显示。

（f）功耗低，抗干扰能力强。

（g）便于携带，使用方便。

（2）使用方法及注意事项：

（a）插孔的选择。数字万用表一般有四个表笔插孔，测量时黑表笔插入 COM 插孔，红表笔则根据测量需要，插入相应的插孔。测量电压和电阻时，应插入 V/Ω 插孔；测量电流时注意有两个电流插孔，一个是测量小电流的，一个是测量大电流的，应根据被测电流的大小选择合适的插孔。

（b）测量量程的选择。根据被测量选择合适的量程范围，测直流电压置于 DCV 量程、交流电压置于 ACV 量程、直流电流置于 DCA 量程、交流电流置于 ACA 量程、电阻置于 Ω 量程。当数字万用表仅在最高位显示"1"时，说明已超过量程，须调高一挡。用数字万用表测量电压时，应注意它能够测量的最高电压（交流有效值），以免损坏万用表的内部电路。测量未知电压、电流时，应将功能转换开关先置于高量程挡，然后逐步调低，直到合适的挡位。

（c）测量交流信号时，被测信号波形应是正弦波，频率不能超过仪表的规定值，否则将引起较大的测量误差。

（d）与模拟万用表不同，数字万用表红表笔接内电池的正极，黑表笔接内部电池的负极。测量二极管时，将功能开关置于"⊣▸⊢"挡，这时的显示值为二极管的正向压降，单位为 V。若二极管接反，则显示为"1"。

（e）测量晶体管的 h_{fe} 时，由于工作电压仅为 2.8V，测量的只是一个近似值。

（f）测量完毕，应立即关闭电源；若长期不用，则应取出电池，以免漏电。

3. 举例说明

以 MS8222C 型数字多用表为例，仪表面板如图 4 - 5 所示。

（1）仪表面板说明。

① LCD，显示测量结果和其他标识。

② LIGHT：背景灯开关键，触发式开关，当按下此键则背景灯点亮；约 10s 后自动熄灭。

③ HOLD：数据保持键，按一下此键则锁定当前 LCD 显示，再按一下则取消锁定。

④ POWER：电源开关键。仪表约 10min 后会自动关机；当仪表自动关机后重新按两下电源开关键则仪表重新打开。

⑤ SElECTOR：功能和量程选择旋钮开关。

⑥ V/Ω：电压、电阻、频率、二极管和通断测量的正输入端口。

⑦ COM：所有测量的负输入端口。

⑧ Cx：电容测量插孔。

⑨ 10A：10A 量程正输入端口。

⑩ mA：mA 量程、温度挡正输入端口。

图 4 - 5　MS8222C 型仪表面板

（2）使用注意事项：

① 不能测量有效值高于 1000VDC 或 700VAC 的电压。

② 不能测量高于 10A 的电流，且每次测量的时间不能超过 10s，测量时间间隔不能少于 15min。

③ 不能输入高于 500mA 的电流。

④ 在测量频率时，输入的电压信号不要超过规定的最大输入电压值（60V），以免损坏仪表和危及使用者的安全。

⑤ 当未知被测量的大小时，总是从最大量程开始。

⑥ 不能触摸任何带电的导体，以防电击。

⑦ 在测量在线电容之前，要确保电路中的电源已经切断并且电容器已经充分放电。

⑧ 在测量在线电阻之前，要确保电路中的电源已经切断并且电容器已经充分放电。

⑨ 在完成所有的测量后，要立即断开表笔线与被测电路的连接，并将表笔线从仪表中移走。

四、交流毫伏表

交流毫伏表是一种用来测量正弦电压有效值的电子仪表，可对一般放大器和电子设备的电压进行测量。毫伏表类型较多，下面介绍 LM2172 型交流毫伏表的主要特性及其使用方法。

1. **主要特性**

（1）测量电压范围为 $30\mu V \sim 300V$，分 12 挡。

（2）测量电平范围为 $-60dB$，$-50dB$，$-40dB$，$-30dB$，$-20dB$，$-10dB$，$0dB$，

10dB，20dB，30dB，40dB，50dB 共 12 挡。

（3）频率范围为 5Hz～2MHz。

（4）输入阻抗为 10MΩ，输入电容为 50pF。

（5）测量电压误差以信号频率 1kHz 为基准，不超过各量程满刻度的±3%。

（6）环境温度为 0℃～40℃。

2. LM2172 型交流毫伏表的面板操作键作用说明

LM2172 型交流毫伏表的面板示意图如图 4-6 所示。

（1）电源（POWER）开关：将电源开关按键弹出即为"关"位置，将电源线接入，按电源开关，电源接通。

（2）显示窗口：表头指示输入信号的幅度。对于 LM2172 黑色指针指示 CH1 输入信号幅度，红色指针指示 CH2 输入信号幅度。

（3）零点调节：开机前，如表头指针不在机械零点处，请用小一字起将其调至零点，对于 LM2172，黑框内调黑指针，红框内调红指针。

（4）量程旋钮：开机前，应将量程旋钮调至最大量程处，然后当输入信号送至输入端后，调节量程旋钮，使表头指针指示在表头的适当位置。对于 LM2172，左边为 CH1 的量程旋钮，右边为 CH2 的量程旋钮。

（5）输入（INPUT）端口：输入信号由此端口输入。左边为 CH1 输入，右边为 CH2 输入。

（6）输出（OUTPUT）端口：输出信号由此端口输出。对 LM2172 输出端口在后面板上。

图 4-6　LM2172 型交流毫伏表的面板示意图

3. 基本操作方法

打开电源开关首先检查输入的电压，将电源线插入后面板上的交流插孔，设定各个控制键，打开电源。

（1）将输入信号由输入端口（INPUT）送入交流毫伏表。

（2）调节量程旋钮，使表头指针位置在大于或等于满度的 2/3 处。

（3）将交流毫伏表的输出用探头送入示波器的输入端，当表针指示位于满刻度时，其输出应满足指标。

（4）为确保测量结果的准确度，测量时必须把仪表的地线与被测量电路的地线连接在一起。

（5）dB 量程的使用：表头有两种刻度，1V 作 0dB 的 dB 刻度值和 0.755V 作 0dBm（1mW600Ω）的 dBm 的刻度值。

（6）功率或电压的电平由表面读出的刻度值与量程开关所在的位置相加而定。

例：　　刻度值　　　量程　　电平

$$(-1dB)+(+20dB)=+19dB$$
$$(+2dB)+(+10dB)=+12dB$$

五、数字存储示波器使用说明 GDS–1000 系列

面板介绍

1. 前面板介绍（如图 4-7 所示）

图 4-7　数字存储示波器前面板

功能介绍：

LCD 显示器	TFT 彩色，320×234 分辨率，广角检视 LCD 显示器
功能键	开启 LCD 左边的功能键

VARIABLE

Variable 旋钮 　　　　　　　　　　增加/减少数值或移到下一个参数

Acquire

Acquire 键 　　　　　　　　　　设定撷取模式

Display

Display 键 　　　　　　　　　　显示器设定

Utility

Utility 键 　　　　　　　　　　安装 Hardcopy，系统资料，目录语言，校正和测棒补偿

Help

Help 键 　　　　　　　　　　在 LCD 显示器上显示 Help 内容

Autoset

Autoset 键 　　　　　　　　　　寻找信号并设定适当的水平/垂直/触发设定

Cursor

Cursor 键 　　　　　　　　　　执行光标量测

Measure

Measure 键 　　　　　　　　　　安装并执行自动量测

Save/Recall

Save/Recall 键 　　　　　　　　　　储存并读取影像，波形，面板设定

Hardcopy

Hardcopy 键 　　　　　　　　　　传递数据到 SD 卡

Run/Stop

Run/Stop 键 　　　　　　　　　　冻结信号

TRIGGER
LEVEL

Trigger level knob 　　　　　　　　　　设定触发电平

MENU

Trigger menu 键 　　　　　　　　　　触发设定

Single trigger 键 | 选择单次触发模式

Trigger force 键 | 强制触发模式选择。提高触发准位到振幅信号的 50%

Horizontal menu 键 | 水平设置菜单

Horizontal position knob | 设定波形的水平位置

TIME/DIV knob | 选择水平刻度。微调（顺时针）或粗调（反时针）

Vertical position knob | 设定波形的垂直位置

CH1/CH2 键 | 设定相应信道的垂直刻度和耦合模式

VOLTS/DIV 旋钮 | 选择垂直刻度。微调（顺时针）或粗调（反时针）

输入端子 | 输入信号：1MΩ±2% 输入阻抗，BNC 连接器

接地端子 | 连接待测体的接地导线端子

MATH 键 | 执行数学运算

SD 埠 | 传递波形数据和显示影像

测棒补偿输出	$\approx 2V$	输出 $2V_{p-p}$，方波信号的测试补偿信号
外部触发输入	EXT TRIG	外部触发信号输入口
电源开关	POWER	打开或关闭示波器电源

2. 后面板介绍（如图 4 - 8 所示）

图 4 - 8　数字存储示波器后面板

功能介绍：

电源插座 保险丝插座		电源插座：AC 电源，$100\sim240V$，$50/60Hz$ 保险丝插座：AC 电源保险丝，T1A/250V
USB slave 埠		B 型公座连接端子用于计算机的软件连接的端子 （保留将来使用）

校正输出 用于垂直刻度的精确度校正的输出信号

3. 显示器（如图 4 - 9 所示）

图 4 - 9　显示器

（1）功能介绍：

波形	显示输入信号波形	
	信道 1：黄色	信道 2：蓝色
触发状态	Trig′d	触发
	Trig?	没有触发，显示器没有更新
	Auto	没有触发，显示器已更新
	STOP	触发终止，也出现在 Run/Stop
输入信号频率	显示输入信号频率。"＜20Hz"表示频率小于 20Hz（较低的频率限制）	
触发设定	显示触发源、类型和斜率，视频触发则显示触发源和极性	
信道状态	显示信道、耦合模式、垂直刻度和水平刻度。	

（2）功能选项树/操作快捷方式。

惯例

Normal	＝选择普通获取模式
Average⮐	＝重复选择平均获取模式
Normal～Average	＝从普通到平均选择并按下一个数
Normal→VAR⬭	＝按 Normal，然后使用 Variable 旋钮

Acquire

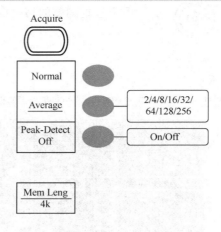

选择撷取模式　　　　　　　　　　　Normal～Peak－Detect
选择平均数　　　　　　　　　　　　Average⇄
打开/关闭峰值侦测　　　　　　　　　Peak－Detect⇄

Autoset 键

　　　　自动寻找信号并设定刻度　　　Autoset

CH1/2 键

打开/关闭信道
选择耦合模式　　　　　　　　　　　Coupling⇄
打开/关闭波形反转　　　　　　　　　Invert⇄
打开/关闭频宽限制　　　　　　　　　BW Limit⇄
选择测棒衰减因素　　　　　　　　　Probe⇄

光标键

打开/关闭光标	Cursor⮂
选择 X 或 Y 光标	X↔Y⮂

Display 键

选择波形显示类型	Type⮂
打开/关闭波形累积	Accumulate⮂，Refresh（打开后显示器更新）
设定显示器对比	Contrast→VAR⬡
选择显示器格状系统	▦⮂

Hardcopy 键

→参考 Utility 键（第 78 页）

Help 键

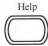
打开/关闭 help 模式　　　　Help⮂

Horizontal 功能键

选择主要显示器（预设）	Main
选择窗口模式和缩放影像功能	Window→TIME/DIV⊙，Window Zoom
选择滚动模式	Roll
选择 XY 模式	XY

Math 键

选择数学运算类型（＋/－）	Operation⇄
选择加/减运算	CH1＋/－CH2⇄
设定运算结果位置	Position→VAR⊙
数学运算结果 Volt/Div	Unit/Div→VAR⊙

Math 键（cont.）

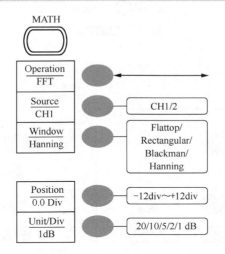

选择数学运算类型（FFT）　　　　Operation⇄
选择 FFT 信道　　　　　　　　　Source⇄
选择 FFT 窗口　　　　　　　　　Window⇄
选择 FFT 运算结果位置　　　　　Position→VAR ⟳
选择垂直刻度　　　　　　　　　Unit/Div⇄
Run/Stop

Run/Stop　　冻结/解除冻结波形或触发　　Run/Stop⇄

量测键

打开/关闭量测功能　　　　　Measure⇄
选择信道　　　　　　　　　Source⇄
显示量测结果　　　　　　　Indication⇄

选择量测类型　　　　　　　　　Voltage/Time⏎
选择量测项目　　　　　　　　　VAR◯or Icon⏎
回到前一个功能选项　　　　　　前一个功能选项
Save/Recall 键

选择储存或调出功能选项　　　　Save/Recall⏎
调出厂内默认值　　　　　　　　Default Setup
Save/Recall 键（cont.）

选择其他功能选项　　　　　　　Recall Setup⏎
选择设定信道　　　　　　　　　Source⏎→VAR◯
叫出设定　　　　　　　　　　　Recall
回到 SD 卡档案功能　　　　　　文件应用

Save/Recall 键（cont.）

Recall Waveform

选择其他功能选项	Recall Waveform⇄
选择波形来源	Source⇄→VAR◯
选择波形目的地	Destination→VAR◯
叫出波形	Recall
回到 SD 卡档案功能	File Utility

Save/Recall 键（cont.）

Display Refs.

选择其他功能选项	Display Refs. ⇄
打开/关闭参考波形 A	Ref. A⇄
打开/关闭参考波形 B	Ref. B⇄

Save/Recall 键（cont.）

Save Setup

选择其他功能选项	Save Setup⇄

选择储存目的地	Destination⇄→VAR◯
储存设定	Save
回到档案功能	File Utility

Save/Recall 键 (cont.)

选择其他功能选项	Save Waveform⇄
选择储存源	Source⇄→VAR◯
选择储存目的地	Destination⇄→VAR◯
储存波形	Save
回到档案功能	File Utility

Save/Recall 键 (cont.)

选择其他功能选项	Save Image⇄
打开/关闭省墨模式	Ink Saver⇄
储存画面	Save
回到档案功能	File Utility

Save/Recall 键 (cont.)

选择其他功能选项	Save All⇄
打开/关闭省墨模式	Ink Saver⇄
Save all	Save
回到档案功能	File Utility

Save/Recall 键 (cont.)

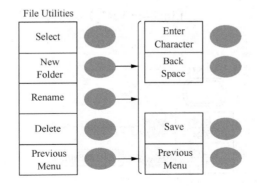

选择档案/资料夹	VAR◯→Select
开创或重新命名资料夹/档案	New Folder/Rename
	VAR ◯ → Enter character/Backspace/Save/ Previous menu
删除档案/资料夹	Delete
回到前一个功能选项	Previous menu

Trigger 键

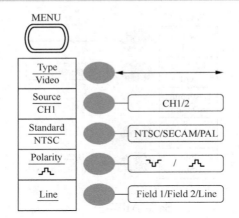

选择视频触发类型	Type⇄
选择触发源	Source⇄
选择视频标准	Standard⇄
选择视频极性	Polarity⇄
选择视频线	Line⇄→VR⟳

Trigger 键（cont.）

选择边缘触发类型	Edge⇄
选择触发源	Source⇄
回到斜率/耦合功能选项	Slope/Coupling
选择触发模式	Mode⇄

Trigger 键（cont.）

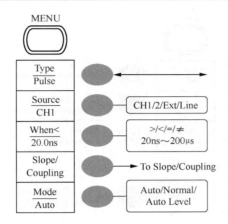

选择脉波触发类型	Type⇄
选择触发源	Source⇄
选择脉波触发条件和脉波宽度	When⇄→VAR⟳
到斜率/耦合功能选项	Slope/Coupling
选择触发模式	Mode⇄

Trigger 键（cont.）

选择触发斜率类型	Slope⇄
选择触发耦合模式	Coupling⇄
选择频率拒斥	Rejection⇄
打开/关闭噪声抑制	Noise Rej⇄
回到前一个功能选项	Previous Menu

Utility 键

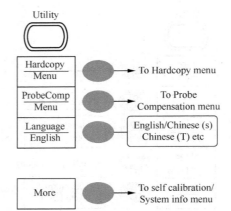

回到硬复制功能选项　　　　　Hardcopy
回到测棒补偿功能选项　　　　ProbeComp
选择语言　　　　　　　　　　Language⇄
回到自我校正/系统信息　　　 More
Utility 键（cont.）

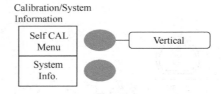

进入自我校正　　　　　　　　Self CAL
显示系统资料　　　　　　　　System Info
回到前一个功能选项　　　　　Previous Menu
Utility 键（cont.）

选择硬复制功能	Function↵
打开/关闭省墨	Ink Saver↵
回到前一个功能选项	Previous Menu↵

Utility 键（cont.）

Probe compensation

选择测棒补偿信号	Wave Type↵
设定方波频率	Frequency→VAR◯
设定方波的占空比	Duty Cycle→VAR◯
回到前一个功能选项	Previous Menu

六、TFG6000 系列 DDS 函数信号发生器简介

本指南适用于 TFG6000 系列 DDS 函数信号发生器的各种型号（TFG60XX），仪器型号的后两位数字表示该型号仪器的 A 路频率上限值（MHz）。

TFG6000 系列 DDS 函数信号发生器直接采用数字合成技术（DDS），具有快速完成测量工作所需的高性能指标和众多的功能特性，其简单而功能明晰的前面板设计和彩色液晶显示界面能使您更便于操作和观察，可扩展的选件功能，可使您获得增强的系统特性。仪器具有下述优异的技术指标和强大的功能特性。

1. 使用准备

（1）检查整机与附件：根据装箱单检查仪器及附件是否齐备完好，如果发现包装箱严重破损，请先保留，直至仪器通过性能测试。

（2）接通仪器电源：

仪器在符合以下的使用条件时，才能开机使用。

电压：AC220（1±10％）V　　　　频率：50（1±5％）Hz

功耗：<30VA　　　　温度：0～40℃　　　　湿度：80％

将电源插头插入交流 220V 带有接地线的电源插座中，按下面板上的电源开关，电源接通。仪器进行初始化，首先显示仪器名称和制造厂家，然后装入默认参数值，显示"A 路单频"功能的操作界面，最后开通 A 路和 B 路输出信号，进入正常工作状态。

2. 前面板总览（如图 4－10 所示）

图 4－10　函数信号发生器前面板总览

①电源开关　②显示屏　③单位软键　④选项软键　⑤功能键，数字键　⑥方向键　⑦调节旋钮
⑧输出 A　⑨输出 B　⑩TTL 输出　⑪USB 接口　⑫CF 卡槽（备用）

3. 后面板总览（如图 4－11 所示）

图 4－11　函数信号发生器后面板总览

①电源插座　②外调制输入　③外测输入　④RS232 接口　⑤GPIB 接口

4. 屏幕显示说明

仪器使用 3.5 吋彩色 TFT 液晶显示屏，见图 4－12：

① 波形示意图：左边上部为各种功能下的 A 路波形示意图；

② 功能菜单：右边中文显示区，上边一行为功能菜单；

③ 选项菜单：右边中文显示区，下边五行为选项菜单；

④ 参数菜单：左边英文显示区为参数菜单，自上至下依次为"B 路波形"，"频率等参数"，"幅度"，"A 路衰减"，"偏移等参数"，"输出开关"；

⑤ 单位菜单：最下边一行为输入数据的单位菜单。

图 4 - 12　屏幕说明

5. 按键说明

（1）功能键：

【单频】【扫描】【调制】【猝发】【键控】键：分别用来选择仪器的 10 种功能；

【外测】键：用来选择频率计数功能；

【系统】【校准】键：用来进行系统设置和参数校准；

【正弦】【方波】【脉冲】键：用来选择 A 路波形；

【输出】键：用来开关 A 路或 B 路输出信号。

（2）选项软键：

屏幕右边有五个空白键【　】，其键功能随着选项菜单的不同而变化，称为选项软键。

（3）数据输入键：

【0】【1】【2】【3】【4】【5】【6】【7】【8】【9】键，用来输入数字；

【.】键用来输入小数点；

【—】键用来输入负号。

（4）单位软键：

屏幕下边有 5 个空白键【　】，其定义随着数据性质的不同而变化，称为单位软键。数据输入之后必须按单位软键，表示数据输入结束并开始生效。

（5）方向键：

【<】【>】键，用来移动光标指示位，转动旋钮时可以加减光标指示位的数字；

【∧】【∨】键，用来步进增减 A 路信号的频率或幅度。

6. 基本操作

下面举例说明基本操作方法，可满足一般使用的需要，如果遇到疑难问题或者较复杂的使用，可以仔细阅读第三章使用说明的相应部分。

（1）A 路单频：按【单频】键，选中"A 路单频"功能。

A 路频率设定：设定频率值为 3.5kHz

按【选项 1】软键，选中"A 路频率"，按【3】【.】【5】【kHz】。

A 路频率调节：

按【<】或【>】键可移动数据中的白色光标指示位，左右转动旋钮可使指示位的数字增大或减小，并能连续进位或借位，由此可任意粗调或细调频率，其他选项数据也都可以旋钮调节，不再重述。

A 路周期设定：设定周期值为 25ms

按【选项 1】软键，选中"A 路周期"，按【2】【5】【ms】。

A 路幅度设定：设定幅度峰—峰值为 3.2V_{p-p}

按【选项 2】软键，选中"A 路幅度"，按【3】【.】【2】【V_{p-p}】。

A 路幅度设定：设定幅度有效值为 1.5Vrms

按【1】【.】【5】【Vrms】。

A 路衰减选择：选择固定衰减 0dB（开机或者复位后选择自动衰减 Auto）

按【选项 2】软键，选中"A 路衰减"，按【0】【dB】。

A 路偏移设定：在衰减为 0dB 时，设定直流偏移值为－1V

按【选项 3】软键，选中"A 路偏移"，按【－】【1】【Vdc】。

A 路波形选择：选择脉冲波

按【脉冲】。

A 路脉宽设定：设定脉冲宽度为 35μs

按【选项 4】软键，选中"A 路脉宽"，按【3】【5】【μs】。

A 路占空比设定：设定脉冲波占空比为 25％

按【选项 4】软键，选中"占空比"，按【2】【5】【％】。

存储参数调出：调出 15 号存储参数

按【选项 5】软键，选中"参数调出"，按【1】【5】【ok】。

A 路频率步进：设定频率步进为 12.5Hz

按【选项 5】软键，选中"步进频率"，按【1】【2】【.】【5】【Hz】，再按【选项 1】软键，选中"A 路频率"，然后每按一次【∧】键，A 路频率增加 12.5Hz，每按一次【∨】键，A 路频率减少 12.5Hz。A 路幅度步进与此类同。

（2）B 路单频：按【单频】键，选中"B 路单频"功能。

B 路频率设定：B 路的频率和幅度设定与 A 路相类同，只是 B 路不能进行周期性设定，幅度设定只能使用峰—峰值，不能使用有效值。

B 路波形选择：选择三角波

按【选项 3】软键，选中"B 路波形"，按【2】【No.】。

A 路谐波设定：设定 B 路频率为 A 路的三次谐波

按【选项 3】软键，选中"B 路波形"，按【3】【time】。

AB 相差设定：设定 AB 两路信号的相位差为 90°

按【选项 4】软键，选中"AB 相差"，按【9】【0】【°】。

两路波形相加：A 路和 B 路波形线性相加，由 A 路输出

按【选项 5】软键，选中"AB 相加"。

（3）频率扫描：按【扫描】键，选中"A 路扫描"功能。

始点频率设定：设定始点频率值为 10kHz。

按【选项 1】软键，选中"始点频率"，按【1】【0】【kHz】。

终点频率设定：设定终点频率值为 50kHz

按【选项 1】软键，选中"终点频率"，按【5】【0】【kHz】。

步进频率设定：设定步进频率值为 200Hz

按【选项 1】软键，选中"步进频率"，按【2】【0】【0】【Hz】。

扫描方式设定：设定往返扫描方式

按【选项 3】软键，选中"往返扫描"。

间隔时间设定：设定间隔时间 25ms

按【选项 4】软键，选中"间隔时间"，按【2】【5】【ms】。

手动扫描设定：设定手动扫描方式

按【选项 5】软键，选中"手动扫描"，则连续扫描停止，每按一次【选项 5】软键，A 路频率步进一次。如果不选中"手动扫描"，则连续扫描恢复。

扫描频率显示：

按【选项 1】软键，选中"A 路频率"，频率显示数值随扫描过程同步变化，但是扫描速度会变慢。如果不选中"A 路频率"，频率显示数值不变，扫描速度正常。

（4）幅度扫描：按【扫描】键，选中"A 路扫描"功能，设定方法与"A 路扫描"功能相类同。

（5）频率调制：按【调制】键，选中"A 路调频"功能。

载波频率设定：设定载波频率值为 100kHz

按【选项 1】软键，选中"载波频率"，按【1】【0】【0】【kHz】。

载波幅度设定：设定载波幅度值为 $2V_{p-p}$

按【选项 2】软键，选中"载波幅度"，按【2】【V_{p-p}】。

调制频率设定：设定调制频率值为 10 kHz

按【选项 3】软键，选中"调制频率"，按【1】【0】【kHz】。

调制频偏设定：设定调制频偏值为 5.2%

按【选项 4】软键，选中"调制频偏"，按【5】【.】【2】【%】。

调制波形设定：设定调制波形（实际为 B 路波形）为三角波

按【选项 5】软键，选中"调制波形"，按【2】【No.】。

（6）幅度调制：按【调制】键，选中"A 路调幅"功能。

载波频率、载波幅度、调制频率和调制波形设定与"A 路调频"功能相同。

调幅深度设定：设定调幅深度值为 85%

按【选项 4】软键，选中"调幅深度"，按【8】【5】【%】。

（7）猝发输出：按【猝发】键，选中"B 路猝发"功能。

B 路频率，B 路幅度设定与"B 路单频"相同。

猝发计数设定：设定猝发计数 5 个周期

按【选项 3】软键，选中"猝发计数"，按【5】【cycle】。

猝发频率设定：设定脉冲串的重复频率为 50Hz

按【选项 4】软键，选中"猝发频率"，按【5】【0】【Hz】。

单次猝发设定：设定单次猝发方式

按【选项 5】软键，选中"单次猝发"，则连续猝发停止，每按一次【选项 5】软键，猝发输出一次，如果不选中"单次猝发"，则连续猝发恢复。

（8）频移键控 FSK：按【键控】键，选中"A 路 FSK"功能。

载波频率设定：设定载波频率值为 15kHz

按【选项 1】软键，选中"载波频率"，按【1】【5】【kHz】。

载波幅度设定：设定载波幅度值为 $2V_{p-p}$

按【选项 2】软键，选中"载波幅度"，按【2】【V_{p-p}】。

跳变频率设定：设定跳变频率值为 2kHz

按【选项 3】软键，选中"跳变频率"，按【2】【kHz】。

间隔时间设定：设定跳变间隔时间 20ms

按【选项 4】软键，选中"间隔时间"，按【2】【0】【ms】。

（9）幅移键控 ASK：按【键控】键，选中"A 路 ASK"功能。

载波频率，载波幅度和间隔时间设定与"A 路 FSK"功能相类同。

跳变幅度设定：设定跳变幅度值为 $0.5V_{p-p}$

按【选项 3】软键，选中"跳变幅度"，按【0】【.】【5】【V_{p-p}】。

（10）相移键控 PSK：按【键控】键，选中"A 路 PSK"功能。

载波频率，载波幅度和间隔时间设定与"A 路 FSK"功能相类同。

跳变相位设定：设定跳变相位值为 180°

按【选项 3】软键，选中"跳变相位"，按【1】【8】【0】【°】。

（11）初始化状态：开机后仪器初始化工作状态如下。

A 路：波形：正弦波　　　　频率：1kHz　　　　　幅度：$1V_{p-p}$

　　　衰减：AUTO　　　　偏移：0Vdc　　　　　方波占空比：50%

　　　脉冲宽度：0.3ms　　脉冲占空比：30%　　间隔时间：10ms

　　　始点频率：500Hz　　终点频率：5kHz　　　步进频率：10Hz

　　　始点幅度：$0V_{p-p}$　　终点幅度：$1V_{p-p}$　　步进幅度：$0.01V_{p-p}$

　　　扫描方式：正向　　　载波频率：50kHz　　调制频率：1kHz

　　　调制频偏：5%　　　　调幅深度：1000%　　猝发技术：3cycle

　　　猝发频率：100Hz　　跳变频率：5kHz　　　跳变幅度：$0V_{p-p}$

　　　跳变相位：90°　　　输出：On

B 路：波形：正弦波　　　　频率：1kHz　　　　　幅度：$1V_{p-p}$

　　　A 路谐波：1times　　输出：On